软实力三原色

掌控人生的三大关键能力

蒋齐仕　著

电子工业出版社·

Publishing House of Electronics Industry

北京·BEIJING

内 容 提 要

那些能够掌控人生，在生活中幸福并在职场中成功的人，都有一些共同的特质。本书将这些特质总结为三个软实力：果敢力、自驱力、思辩力。本书阐述了这三种软实力在每个人的职场和生活中的价值，以及它们如何帮助每个人真正掌控自己的人生，并提供了丰富的案例。

未经许可，不得以任何方式复制或抄袭本书之部分或全部内容。

版权所有，侵权必究。

图书在版编目（CIP）数据

软实力三原色：掌控人生的三大关键能力 / 蒋齐仕著 . -- 北京：电子工业出版社，2025.8. -- ISBN 978-7-121-50669-7

Ⅰ. B848.4-49

中国国家版本馆 CIP 数据核字第 2025WC9845 号

责任编辑：石会敏
特约编辑：侯学明
印　　刷：三河市良远印务有限公司
装　　订：三河市良远印务有限公司
出版发行：电子工业出版社
　　　　　北京市海淀区万寿路 173 信箱　　邮编：100036
开　　本：710×1000　1/16　　印张：16.5　　字数：262 千字
版　　次：2025 年 8 月第 1 版
印　　次：2025 年 8 月第 1 次印刷
定　　价：69.00 元

凡所购买电子工业出版社图书有缺损问题，请向购买书店调换。若书店售缺，请与本社发行部联系，联系及邮购电话：（010）88254888，88258888。
质量投诉请发邮件至 zlts@phei.com.cn，盗版侵权举报请发邮件至 dbqq@phei.com.cn。
本书咨询联系方式：（010）88254537，shhm@phei.com.cn，微信号：738848961。

从模仿到独创：软实力三原色如何塑造我的职业生涯

让我写这篇序言，一开始我是推辞的。尽管我是软实力工场的联合创始人，但在专业上，我一直是蒋齐仕老师的徒弟。无论是从理论深度还是从实践经验，我都觉得自己不够资格为他的书作序。然而，蒋老师是个有着无数创新想法并喜欢特立独行的人。他说："你是我的搭档，最有资格给我的书写序。内容上，你也不用讲任何假话，用真情实感，写软实力三原色助你成长的真实经历和体会即可。"经他这么一解释，从软实力三原色的价值和实践视角来看，我发现自己的确最有"资格"写这个序。

于是，我决定放下顾虑，用自己真实的经历和感受来讲述软实力三原色，即果敢力、自驱力和思辩力[①]，如何帮助我在职业生涯中不断成长，并最终达到了蒋老师为高端软实力训练专家确立的三大标准：

（1）全层级覆盖：能够为企业全层级的人员提供适合他们层级的学习服务，无论他们是顶层的高管，还是刚入职场的新员工；

---

① 思辩力：一种强调思考和辩论这两种思维活动的能力。一般地，在我们就任何一个主题得出结论的过程中，我们首先做的是"思考"，并自然地形成结论。但这种快速自然的"思考"并得出结论的思维活动，其质量常常难以保证。为了提升结论的质量，就需要进行"辩论"，或者是与他人"辩论"，或者是自我"辩论"，也就是书中所描述和建议的"检视得出结论的过程"的思维活动。这正是思辩力这一名称的由来。

（2）全职能覆盖：能够为企业全部岗位不同职能的人员提供适合他们职能的学习服务，无论他们是前端的销售，还是负责后台研发的科研工作者；

（3）全主题覆盖：训练的主题可以覆盖软实力的任何内容，既可以是高度抽象的战略思考，也可以是聚焦行动的当众表达。

这三大标准不仅是蒋老师对高端软实力训练专家的严格要求，更是我在职业生涯中不断追求的目标。蒋老师的这三大标准，既是我个人成长的目标，也是我一直追求的愿景。在他为软实力工场确定了公司愿景后，这三大标准变得更加具象，与我个人的关联也更强了，极大地激发了我对软实力训练的热爱。而果敢力、自驱力和思辩力，正是我达成这三大标准的核心动力。

果敢力：聚焦目标，勇于面对挑战

果敢力是我在软实力训练旅程中最早接触并深刻体会到的能力之一。蒋老师曾多次强调，果敢力的核心在于"目标明确、积极主动、想方设法"，而这正是我在面对职业挑战时的行动准则。

记得在创业初期，软实力工场的课程体系尚未完全成型，客户的需求也多种多样。作为团队的一员，我常常需要为来自不同层级、不同职能的学员提供个性化的学习服务。这种多样化的需求让我一度感到压力巨大，甚至有些无所适从。然而，正是果敢力的加持，让我始终聚焦目标，勇于面对每一个挑战。

有一次，我们接到了一家世界500强企业的培训需求业务，要求为他们的高管团队提供战略思考能力的训练。这对于当时的我来说，无疑是一个巨大的挑战。高管的思维模式、决策逻辑与普通员工截然不同，如何在短时间内理解他们的需求，并设计出符合他们期望的课程，成为我面临的首要难题。然而，蒋老师的一句话让我坚定了信心："不尽全力不罢休。"于是，我开始了密集的调研和学习，阅读了大量关于战略管理的书籍，并与多位企业高管进行了深入交流。最终，我设计出了一套既符合高管思维模式，又能够激发他们战略思考能力的课程方案。这次经历让我深刻体会到，果敢力不仅是一种行动力，更是一种在面对困难时坚持不懈的精神。

在果敢力的驱动下，我始终保持着对目标的清晰认知，并在每一次挑战中全力以赴。无论是应对高管的严格要求，还是处理复杂的跨部门协作，我都能够以果敢的态度迎接挑战，最终达成目标。正是果敢力，让我在实现"全层级覆盖"这一标准的过程中，始终能够应对来自不同层级学员的多样化需求。

自驱力：热爱成长，持续精进

如果说果敢力是我在面对挑战时的行动指南，那么自驱力则是我在软实力训练旅程中不断成长的动力源泉。蒋老师曾多次提到，自驱力的核心在于"热爱、成长和自主"，而这正是我在职业生涯中始终保持热情、不断精进的关键。

在软实力工场工作的13年里，我经历了无数次的学习和训练。每一次课程的设计、每一次与学员互动，都是我成长的机会。然而，成长的道路并非是一帆风顺的。尤其是在面对蒋老师的严格要求时，我常常感到压力巨大。蒋老师对训练专家的要求极高，他不仅要求我们具备扎实的理论基础，还要求我们能够灵活运用各种教学方法，真正做到"因材施教"。

有一次，我在为一家制造企业的中层管理者提供沟通协调力的训练时，蒋老师对我的课程设计提出了严厉的批评。他认为我的课程内容过于理论化，缺乏实践性，无法真正帮助学员解决实际问题。面对这样的评价，我感到非常沮丧，甚至一度怀疑自己的能力。然而，正是自驱力的加持，让我重新振作起来。我意识到，每一次的批评和反馈都是我成长的机会。于是，我开始重新审视自己的课程设计，结合学员的实际需求，加入了更多的案例分析和实践演练。最终，那次课程得到了学员的高度评价，而我也从中收获了宝贵的经验。

自驱力让我始终对每一次学习和训练充满热爱，并在不断的反思和改进中持续成长。正是这种由内而外的动力，让我能够在软实力训练的道路上不断精进，最终达到了蒋老师对训练专家的高标准要求。无论是为销售团队提供沟通技巧的训练，还是为研发团队设计创新思维的课程，我都能够凭借内在的自驱力保持热情和专注，确保每一次训练都能够满足学员的需求，实现"全职能覆盖"的目标。

思辩力：找到自己的风格，不成为"副本"

在软实力训练领域，思辩力是我最为珍视的能力之一。蒋老师曾多次强调，思辩力的核心在于"深刻、理性地思考，发现盲区、质疑假设，从而得出更优质的结论"。正是这种能力，让我在学习和训练的过程中，不断改进方法，找到适合自己的风格，而不是简单地成为蒋老师的"副本"。

在软实力工场工作之初，我常常会模仿蒋老师的教学风格。他的授课方式生动有趣，逻辑清晰，充满洞察，源于实践却又超越实践，深受学员喜爱。然而，随着时间的推移，我逐渐意识到，单纯的模仿并不能让我真正成为一名优秀的训练专家。每个人的性格、经历和思维方式都不同，只有找到适合自己的风格，才能真正发挥自己的潜力。

于是，我开始运用思辩力，不断反思和改进自己的教学方法。我意识到，作为一名训练专家，我需要通过对细节的敏锐观察和对学员需求的深刻理解来形成自己独特的风格。因此，在设计课程时我开始更加注重学员的个性化需求，并通过互动和演练，帮助他们将所学知识应用到实际工作中。同时，我开始尝试将更多的心理学和管理学理论融入课程中，以提升课程的深度和广度。

有一次，我在为一家科技公司的研发团队提供领导力训练时，发现这些惯用逻辑思维的工程师对课程内容的接受方式与普通学员有所不同。于是，我运用思辩力重新设计了课程内容，加入了更多的案例分析和技术术语，并通过小组讨论和角色扮演，帮助学员更好地理解和应用所学知识。最终，那次课程得到了学员的高度认可，而我也从中找到了属于自己的风格。

思辩力让我在学习和训练的过程中，始终保持清醒的头脑，并通过不断反思和改进，找到适合自己的风格。正是这种能力，让我在软实力训练的道路上走出了属于自己的独特路径。无论是为高管提供战略思考的训练，还是为新员工设计职业发展的课程，我都能够以思辩力的智慧，确保每一次训练都能够覆盖不同的主题，实现"全主题覆盖"的目标。

总结：软实力三原色的独特价值

回顾这13年的软实力训练旅程，我深刻体会到，果敢力、自驱力和思辩力不仅是职业成长的三大关键能力，更是掌控人生的核心力量。果敢力让我在面对挑战时始终聚焦目标，勇于行动；自驱力让我在每一次学习和训练中充满热情，持续成长；思辩力让我在不断的反思和改进中，找到适合自己的风格，而不是简单地成为他人的"副本"。

这三种能力的协同作用，让我在职业生涯中不断突破自我，最终达到了蒋老师为高端软实力训练专家确立的三大标准：全层级覆盖、全职能覆盖和全主题覆盖。无论是应对高管的严格要求，还是处理复杂的跨部门协作，我都能够以果敢的态度迎接挑战，以自驱的动力持续精进，以思辩的智慧找到最佳的解决方案。

软实力三原色的独特价值不仅体现在它们能够帮助我们在职场中应对复杂挑战，而且体现在它们让我们在人生的每一个阶段，都能够从容自信地面对各种不确定性。果敢力带来无悔的行动，自驱力带来充盈的内心，思辩力带来坚定的信念。这三种能力的结合，让我们能够在人生的旅程中精准掌控方向，加速前行，最终抵达梦想的远方。

希望这本书能够帮助每一位读者掌握软实力三原色的核心精髓，并祝愿读者们在职场和生活中找到属于自己的最佳成长路径。

软实力工场联合创始人

郝旺春

软实力三原色的发现之旅

18年前，我的职业生涯迎来一次重要转折。因为偶然接到的一个猎头电话，以及接下来那次极为独特的面试体验，我用一种说"不"的方式，赢得了担任荷兰思腾教育集团（简称"思腾集团"）在中国设立的公司——思腾中国首任CEO的机会。这是我首次踏入领导力和软实力训练领域。此前，尽管我已顺利完成北大光华管理学院的MBA学业，在各种教育培训机构担任过高级管理职位，且先后在不同的公司担任过几次一把手，但对软实力和领导力的实质几乎毫无概念，对与其相关的培训服务也是一无所知——当然，这是我后来才觉察到的。在我对领导力和软实力的内涵及其训练方法有所了解之前，我依赖的只是个人的经验和直觉，并坚定地认为这些足以应对工作中的挑战。后来，我才意识到，是我的盲目自信赢得了思腾集团创始人的信任。他不仅给了我进入领导力和软实力训练领域的机会，而且为我成长为一名专业的领导力和软实力"学习服务生"提供了丰富的"营养"。

在接受思腾中国CEO的职位时，我并没有成为一名专业的"培训师"或"学习服务生"的打算。我的目标很简单：管理这家新成立的公司，让它在市场中站稳脚跟。但客户的一些特殊需求改变了我的职业轨迹。因为我是一家教育培训公司的CEO，所以就有客户希望拥有这个头衔的人能直接为他们提供授课服务。他们跟我的销售同事说，哪有培训公司的CEO不上讲台的？请他来，我们就给你订单。这让我不得不走上讲台。为了不辜负客户的信任，我开始接受相关训练，从而使自己从一个未接受过任何演讲培训的"内向理工男"，逐步成长为一名能够为世界顶级公司的中国区最高管理团队提供专业领导力及软实力训练服务的"学习服务生"。之后，我于2014年创立北京软实力工场教育咨询有限公司（简称"软实力工场"）并以此为事业。

第一次接触来自荷兰的领导力和软实力训练课程时，我感到极为震撼。它的课程形式与传统培训课程的形式完全不同：每班不超过16人，学员面前没有桌子，老师上课时不用任何PPT，上课期间也极少使用教材，只是不停地用Flipchart（一种可以翻页的书写板）与学员一起做各种看上去相当即兴的"创作"。学员们围坐成一个"U"型，老师在"U"型开口处授课，与大家打成一片，引导大家聚焦各自的实际挑战，通过互动以及对那些来自真实世界的困境进行模拟演练来学习。作为学员，你会觉得老师与自己没有距离，但同时又能感受到老师在推动和掌控一切。

我和团队起初无法理解这种模式的有效性，甚至怀疑它的专业性。我们见过的都是那些使用精美PPT、形象高度"专业"、讲起课来口若悬河的老师。他们会提供精美的教材，让学员学习事先准备好的——类似于我在MBA课堂上与同学们研讨的经典案例。在看到荷兰老师的教学方式跟我们见过的大不一样时，我们不断地质疑他们："没有PPT，学员怎么学？""没有教材，如何巩固知识？"无论那些荷兰老师如何解释，我们都以"你们不了解中国"这个最无可辩驳的理由加以回应。他们没有办法，被我们逼得准备了无数的培训大纲，做了无数的PPT。而我们仍不满意，永不停息地抱怨资料"不够专业"、PPT"不够精美"……这些质疑反映出我们深陷经验和偏见的桎梏。现在回想起来，这种固守既是认知的盲区，正是思辩力尚未开发的表现。

在成为一名专业的领导力和软实力"学习服务生"，并在课堂上经历数年的历练之后，我才体会到当年那些荷兰老师的无奈。我终于发现，教学的本质是"服务"，而不是提供资料并鼓励学员收集它们。

实践是最好的学习。通过为客户和学员提供领导力和软实力训练服务，我对自己所接受的各种领导力和软实力训练有了新的理解，我的固有思维模式和偏见开始融化。我注意到，与学员共同创造"学习体验"的服务模式，的确能让教学相长发生在每个课堂上。我开始告诉自己，每次为学员提供的学习服务，都不要将它看作是去"教"他们什么，而要看作去参加一次与一班优秀的人共同学习的聚会。

正是这些转变，让我不断地成长。十年磨一剑。在从事这份工作十年之后，我终于与团队一起，将经验和阅历凝聚成了一些框架，其中的成果之一就是软实力三原色。

软实力三原色的逐步成型

尽管我在从事领导力和软实力训练服务的经验中不断成长，但果敢力、自驱力和思辩力的系统化概念直到2022年才逐渐形成。这些核心能力的构建离不开客户的真实需求和实际挑战。

果敢力的概念最早萌芽于思腾集团的一门名为"Assertiveness"的课程。最初，我只能理解思腾集团对它的定义，并将其中文名译为"自信与果敢"。但在授课的过程中，我意识到，要想更好地将课程与学员的实践相结合，我需要拓展这门课的内涵，而不拘泥于它最终的名称是什么。历练多年之后，我决定对它重新进行定义和设计。我注意到，学员需要的不只是自信和"温和的坚定"，还有一种在目标明确的前提下，敢于直面挑战、全力以赴的能力。于是，我将目标感、复原力、博弈论、心理建设等内容整合到课程中，最终形成了一门逻辑上自洽、实践性极强的课程。在2016年前后，我们在客户的启发下，最终为它确定了"果敢力"这个名字。

自驱力概念的形成则源于一家世界顶级制造业客户的需求。这家公司的员工稳定性极高，但这种稳定也带来了缺乏激情和动力的问题。许多员工在工作中逐渐失去了热情，同时因升职空间有限而感到倦怠。面对这一挑战，我设计了一门最初叫做"自我领导"（Self Leadership）的课程来帮助员工重新燃起对工作的热爱。这门课程帮助学员发现、重拾和培养对工作的热情，并对自己的职业生涯进行自主规划。后来，我把它定名为"自驱力"，该课程围绕热爱、成长和自主三大核心，帮助学员成为高度的自我驱动者。这门课程自推出后，受到客户的一致好评，并成为软实力工场的经典课程之一。

思辩力的课程源于一家世界级制药企业的需求。他们希望开发一门"高级关键思考"的课程，以提升管理者在复杂决策中的分析能力。为此，我翻阅了大量与"批判性思维"相关的中文书籍，阅读了不少英文版的与"批判性思维（Critical Thinking）"和"高效决策（Decision Making）"相关的著作，结合自己的管理经验和授课实践不断进行创新，逐步形成了自己对思辩力的理解和方法论。

软实力三原色的整合

2021年，新冠疫情改变了许多人的生活方式，也促使我们对已有的课程体系进行了深入整合。经过多年的实践和探索，我们提出了"软实力三原色"的概念，即果敢力、自驱力和思辩力。这三种能力看似独立，实则互为支撑，能够在不同场景下灵活组合，帮助人们应对复杂挑战。

果敢力是行动的驱动力，它推动我们以"目标明确、积极主动、想方设法"的状态，坚定地向目标迈进；自驱力则为我们的行动提供能量，让我们在行动中充满热情，并持续成长；而思辩力是优化行动的智力支撑，通过检视和反思不断提升行动的品质。三者的结合是一种"三位一体"的力量，能够帮助我们在工作和生活中达到最佳状态。

这一理念不仅适用于个人成长，也在企业管理、团队建设等方面展现出巨大价值。例如，在团队协作中，果敢力帮助团队全力行动，自驱力让团队成员保持积极性和持续成长，而思辩力则确保行动和决策的品质。这种"三位一体"的模式使整个团队能够高效运作，并在动态变化的环境中保持竞争力。这三种能力的相互关系，可以用图0-1来表示。

以"三位一体"的模式应用"软实力三原色"，也让我在写作本书的过程中收获了良好的体验和最佳的成果：果敢力让我始终知道自己的写作目标，

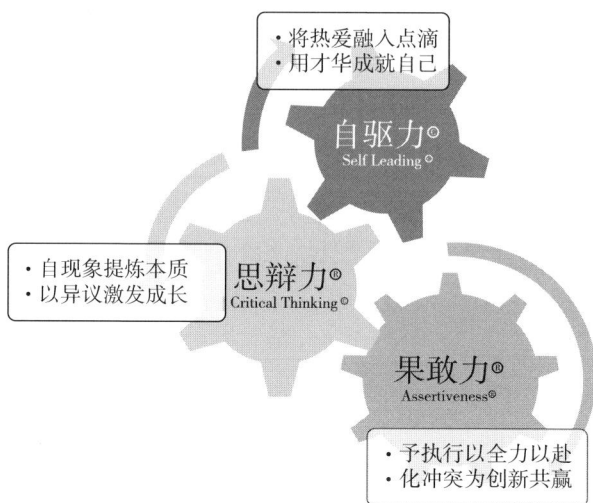

图 0-1　软实力三原色的相互关系

遇到写作困境从不逃避，坚持以"目标明确、积极主动、想方设法"的果敢状态，让自己做到"不尽全力不罢休"；自驱力则让我爱上这个写作的旅程，对于所写的每段文字、所做的每件事情都充满热爱，同时还会在写作中不断推动自己成长，成为更好的写作者和内容阐述者；而思辩力则帮助我理清全书逻辑，在内容和风格上做出尽可能高品质的选择。果敢力、自驱力和思辩力，就是这样"三位一体"地支持着我的整个写作过程，让我收获良好的体验，以及能力范围内所能达成的最佳成果。

三位一体的软实力核心

当果敢力、自驱力和思辩力协同作用时，能够创造出超越单一能力的效果。在一个创业公司的案例中，显示团队曾因产品开发长期停滞而濒临解散。市场需求多样化、技术支持不足以及团队士气低落，这些问题交织在一起，让团队几乎看不到希望。但通过三种软实力的整合，这个团队最终突破了瓶颈，实现了产品的突破。

思辩力在其中发挥了重要作用。该团队负责人没有急于采取行动，而是带领团队成员对问题进行了深入的分析。他们重新审视了市场需求和技术可能性，发现过去的开发方向虽然全面，但资源分散，无法集中突破。于是他创造了一种开放的讨论环境，让团队成员针对产品核心功能展开观点碰撞。不同意见在讨论中逐渐趋于一致，团队最终提出了一种新的开发路径：将核心功能聚焦到最有市场潜力的一个场景上，同时探索与外部资源合作以弥补技术短板。

自驱力则是团队保持能量和韧性的关键。在明确了新的方向后，该团队依然面临巨大的挑战，特别是在执行过程中，技术困难和时间压力始终存在。但自驱力让团队成员始终坚持在项目中的意义感，每个人都能看到自己的努力如何为产品的最终成型贡献了力量。团队负责人通过与团队成员的沟通和给予成员鼓励，帮助他们找到持续投入的动力，并重新建立了信任和协作的团队氛围。

果敢力的核心价值体现在对目标的优化和资源的有效分配上。该团队负责人在行动中进一步明确了产品开发的具体目标，将资源集中在最重要的功能开发上，并带领团队将每步行动都指向最终目标。他确保了开发计划具有清晰的优先级，任何新问题的解决方案都需要经过对目标的检视，以保证不会偏离方向。即使在执行中遇到意外的阻碍，他也能带领团队灵活调整计划，将有限的资源用于最能创造价值的地方。

最终，这款产品如期完成，并在市场上获得了良好的反馈。这不仅是团队在技术上的一次突破，而且是一种创新思维模式在实践中的成功。团队从中体会到，在资源有限、环境复杂的情况下，果敢力、自驱力、思辩力三种能力的整合能够释放出巨大的潜力。

在这个案例中，思辩力提供了深度分析和理性判断，让团队在困境中找到了最优的方向；自驱力为团队提供了持续的能量和情感支持，使他们能够在挫折中坚持下去；果敢力则通过聚焦目标、优化资源分配和调整行动策略，将三者的作用转化为实际成果。三种能力彼此支持，共同推动团队在复杂情境中实现突破。这种整合的模式，不仅帮助团队在眼前的项目中取得了成功，还为他们面对未来的挑战积累了宝贵的经验和信心。

展望

写这本书的初衷，是希望通过分享软实力三原色的理念，帮助更多的人掌控自己的人生，无论是在职场中还是在生活中，让更多的人都能更加从容、自信地面对挑战。我相信，这三大关键能力并非仅仅属于某个特定领域，它们的适用范围是无限宽广的。

通过阅读本书，我期待每一位读者都能从中汲取灵感，将软实力三原色融入自己的生活，找到属于自己的最佳成长路径。我相信，果敢力能带来无悔的行动，自驱力能带来充盈的内心，而思辩力能带来坚定的信念。希望这本书能够陪伴在你的成长之路上，助你成就更好的自己。

掌控人生的三大关键能力

在这个技术飞速发展的时代，知识和资源的获取变得越来越便捷。然而，真正能让人脱颖而出、实现人生掌控的，不仅仅是专业技能和外在资源，还有深植于每个人内在的软实力。这种能力让我们在复杂环境中清晰判断、果断行动，并持续成长。软实力三原色——果敢力、自驱力和思辩力，是掌控人生的三大关键能力。当一个人同时具备这三种能力并将它们融会贯通时，人生的高度和深度便会超越期待。

果敢力：目标明确，迅速行动

果敢力让我们在任何时候都清楚自己想要什么，并敢于快速行动。这种能力尤其重要，因为许多人在面对目标时会犹豫不决，或因害怕失败而止步不前。果敢力帮助我们在不确定性中找到方向，并果断迈出行动的第一步。

例如，在企业技术转型中，大多数团队会选择观望，而某位领导者却展现出了果敢力。他决定迅速调整研发方向，将资源集中在最有潜力的产品线上。当团队陷入技术瓶颈时，他主动协调外部资源，并亲自参与制订解决方案。最终，这一决定让企业在竞争中脱颖而出，也带动了团队的士气。

果敢力不仅在战略层面至关重要，在日常行动中也发挥着强大的推动作用。例如，一个年轻员工在部门需要临时负责人时，果断接受了挑战。他迅速制订计划，清晰分工，并带领团队按时完成任务。这样的果敢行动，让他赢得了上级的认可和更多的机会。

自驱力：热爱成长，掌控节奏

自驱力是对工作和生活保持热情，并通过持续努力实现成长的能力。它的核心在于主动性和内在动力。许多人将成功归因于外部机会，而拥有自驱力的人明白，真正的成长源自内心的热爱与坚持。

例如，一位销售员因对客户服务充满热爱，主动研究市场动态、学习心理学知识，不断优化自己的销售技巧。几年后，他从普通员工成长为销售主管。他的成功不仅在于努力，更在于对成长的热爱和持续精进的态度。

在日常生活中，自驱力同样不可或缺。例如，一位工作繁忙的年轻妈妈决定通过在线课程提升自己的职业技能。尽管每天要处理家庭和工作中的很多事务，她仍坚持学习，每晚花两小时完成课程任务。最终，她顺利通过认证，并获得了新的职业发展机会。这种由内而外的动力是自驱力帮助人们掌控人生的最佳体现。

思辩力：深度思考，掌握真知

思辩力的本质是深刻、理性地思考，发现盲区、质疑假设，从而得出更优质的结论。在这个信息泛滥的时代，很多人习惯盲从，缺乏独立思考的能力。思辩力让我们能够在纷繁复杂的环境中保持清醒，不被表象迷惑，找到问题的本质和解决之道。

在职场中，思辩力往往决定了一个人解决问题的深度。例如，一位新员工被要求优化部门的工作流程，他没有单纯地接受现状，而是通过分析现有流程的效率瓶颈列出了可能的改进方向，并提出了结合技术工具的新方案，从而显著提升了效率。他的深度思考不仅让工作更具成效，也彰显了个人的洞察力和创新能力。

拥有思辩力的人还能有效避免陷入纠结与浪费。他们通过理性思考和持续验证提升决策的精准性，从而更好地掌控自己的发展。当思辩力成为一种习惯时，人生的每一步都将更加清晰而坚定。

三力协同的人生会如何不同

尽管三种能力各有其独特的作用，但它们并非孤立存在。当果敢力、自驱力与思辩力同时发挥作用时，它们能够形成合力，使一个人在复杂环境中游刃有余，实现超越自我的突破。

果敢力、自驱力和思辩力各有其独特的作用，是人生中不可或缺的三种驱动力。果敢力倡导用手行动，推动我们主动出击，迈出关键的第一步；自驱力则是用心投入，让我们在每件事情中都充满热情，不断成长；思辩力则是用脑思考，帮助我们清晰判断，做出优质的决策。这三种能力从不同维度塑造了我们的人生路径，让我们在行动中找到方向，在坚持中积累力量。

它们的协同作用就像人生的"油门""引擎"与"方向盘"：果敢力如同油门，驱动我们迈出坚定的步伐；而自驱力则像引擎，为我们提供源源不断的动力；思辩力如同方向盘，帮助我们明确方向，不至迷失。三者结合，让人生这辆车能够精准掌控方向、加速前行，最终抵达梦想的远方。

例如，一位中层经理刚刚被提拔负责一个跨部门的复杂项目，这对他来说既是职业生涯的一个重要机会，也是一次严峻的挑战。面对团队分工混乱、资源调配不畅、进度频频拖延的困境，他并没有被吓倒，而是迅速用果敢力制定了清晰的目标，并通过细致的计划重新梳理任务优先级。他观察到问题的核心在于沟通机制的缺失，于是提出建立透明的流程，并定期召开进度评估会议。然而，当项目进行到一个关键节点时，团队因意见分歧陷入了僵局。面对这样的局面，他展现出卓越的思辩力，深入分析各方的立场与诉求，提出了一套兼顾多方利益的解决方案，让团队最终达成一致。同时，他通过一对一沟通不断激励团队成员，鼓励他们提出创新想法，用自驱力激发自己和整个团队的士气。在他的努力下，他收获了对工作强烈的掌控感，最终这个项目不仅提前完成，还获得了客户的高度评价，他也因此成为团队中备受信赖的领导者。

三种能力的协同，同样能够助力一名正在备战高考的学生。学生学习压力与日俱增，每天繁重的课业和频繁的模拟测试常会让他疲惫不堪，在这种情况下，如果他能够意识到盲目努力不足以帮助他达成目标，就可以用果敢力为自己设定明确的计划：在三个月内集中攻克弱势科目。同时，他把复习计划分为每日、每周、每月三个阶段，每天按计划执行。虽然起初的效果并不理想，但他没有放弃，而是借助思辩力分析问题，调整策略。比如，他开始用分类记忆法突破英语单词的难关，通过推导公式理解物理题目的本质，而不是依赖机械记忆。随着复习方法的逐步优化，他逐渐找到了学习的节奏和乐趣。在坚持用自驱力全心投入每天的学习后，他不仅在高考中取得了优异成绩，更在这个过程中体验到了努力与成长带来的充实感和成就感。事后回顾这段经历时，他说他自己都没有想到，在那段高强度的学习时光中所用的方法，能够让自己掌控当时的各种压力和"混乱"。

用手行动、用脑思考、用心投入，是迈向成功的第一步；明确方向、加速前行、注入动力，则是人生旅程中的必备。三种能力——果敢力、自驱力、思辩力，既是个人成长的核心支柱，也是掌控卓越人生的关键法则。

ASSERTIVENESS

第1篇

果敢力

在一次领导力课程期间，我遇到了一位年轻的管理者。她曾经在两年前参加过我的果敢力训练课程，如今已经是团队的核心成员。她用自己的亲身经历，讲述了果敢力如何帮助她从普通员工中脱颖而出，在复杂局面中找到方向并积极行动。这种能力贯穿了她的工作和生活，也让她的故事成为果敢力作为一种生活态度的生动写照。

她的转变源于参加果敢力课程后的实践。那是她回到工作岗位后的一次普通会议。作为团队中最年轻的一员，她原本习惯于默默无闻。然而，当领导邀请大家表达对业务的看法时，她想起了课程中关于目标明确和主动行动的讨论。她深吸了一口气，第一个举起了手。在大家的注视中，她努力克服不安，清晰地表达了自己对项目的一些疑问和建议。尽管语速有些急促，但她的观点有理有据，得到了领导的肯定。这次发言不仅让她赢得了团队的关注，也让她更加坚定地相信：果敢地表达自己，是改变局面的第一步。

后来她回忆道："如果没有果敢力课程的训练，我或许永远不会有那次发言的勇气。那次举手看似简单，但实际上包含了目标明确和积极行动的果敢特质。"从那以后，她开始更加主动地参与团队讨论和决策，并逐渐成为团队中的关键人物。

对她来说，果敢力并不仅限于工作场合。在生活中，她同样也实践着这一原则。她分享了一个家庭争论的故事。当时，家庭成员因琐事争执不下，气氛逐渐变得紧张。以往的她通常会选择沉默，避免卷入冲突。但这次她鼓起勇气问出了一个关键问题："我们争论的目标到底是什么？"这一简单的提问，让全家人从情绪中抽离出来，重新回到理性讨论的轨道。最终，家庭成员不仅解决了问题，还更深刻地理解了彼此的想法。

正是果敢力让她在工作和生活中都获得了成长。她总结道："果敢力不仅是一种解决问题的能力，更是一种生活态度。目标明确和积极行动始终是前行的动力。"

果敢力是一种面对任何情境时的自信与行动力。它的力量不在于复杂的理论，而在于日常生活中的点滴实践。从一次主动发言到一个关键提问，每个小小的行动，都会在我们的生活中留下深远的影响。

在接下来的内容中，我将采用与2019年出版的《果敢力：始终做自己的艺术》互为充实的方式，以尽可能不同的内容和写作风格，探讨果敢力如何在个人成长、团队协作以及组织文化中发挥作用，帮助我们收获无悔的人生体验。

第1章　果敢力的核心

1.1　职级与果敢力

在参加软实力工场开发的果敢力训练的学员中，既有企业的最高管理人员，也有来自基层的员工。这种现象充分说明，果敢力是在职场不同层级任职的人员都需要的一种能力。其中的差异，主要源于他们在各自的情境中应对的挑战是不一样的。一般地，在职场上，职级越高的人需要处理的事情就越复杂，他们对果敢力的要求也就越高。

追求战略目标的高管

2024年9月，我应邀再次给一家公司的骨干人员提供学习服务。这次"回来"，距离我完成上一次给他们的管理团队设计的、十天完成五个模块的领导力发展项目，已经过去了三年时间。

再次见到这家公司的人力资源总监时，出于职业习惯，我免不了会问她公司今年的业务情况如何。她回答说："公司业务非常好！"她的这个回答完全出乎我的意料。原因在于当下的经济环境让企业普遍感到吃力，这还是我今年第一次听到有人说自己的公司业务很好。我马上接话："能跟我分享更多的情况吗？"她很高兴地说："当然可以，而且我还想告诉你，我们今天取得的成绩，真的与我们所做的领导力发展项目有很大关系。"

听到这里，我自然非常高兴，这可是客户亲口告诉我的，我的学习服务为他们的业务发展创造了价值！

她读懂了我的心思，于是就继续跟我说："你还记得在我们的领导力发展项目中，有一个模块叫'战略思考'吧？当时你在课堂上让我们讨论的公司愿景和战略目标，正在变成现实！我们的业务的确达到了我们大胆追求的战略目标，并且还在继续向更高的目标迈进。目前公司的业务发展得非常好，整个公司的状态都十分积极上进。目前管理层中的每个成员都在全力以赴地做好自己的工作，没有一个人愿意成为那个'掉链子'的人。大家真的把在领导力发展项目和我们安排的其他项目中学到的东西，用到了工作中。"

她说："如果还要我举一个例子，我想说说果敢力对我们总经理的影响。他比以前更果敢了！就在我们根据'战略思考'课堂上的讨论，真正将那些想法确定为公司的战略目标后，他就去总部报告了以这些目标为核心的战略规划。当时会上没有人相信他所讲的内容。不仅如此，还有人劝他不要那么雄心勃勃，踏实做好当下的工作，按部就班地发展就好。但他非常果敢地坚持自己的想法，同时想方设法地用不同方式影响不同的利益相关者，全力争取他们的支持。他回来后告诉我们，在某次会议上，负责全球业务的副总裁曾经不大愿意支持他，甚至还打断过他的发言，但他最终以坚持、真诚和创造性的影响方式，赢得了那位副总裁的支持。他运用果敢力应对困境的做法，真的是达到了'不尽全力不罢休'的境界。结果他不仅赢得了集团对我们战略规划的支持，还为公司管理团队的成员树立了榜样。"她最后总结道："他现在在公司的威望非常高。"

尽管我从事领导力和软实力训练服务很多年，但这是我为数不多的听到客户高管直接告诉我培训与业务真的能够如此直接关联的例子。当然，我知道达成这种成果最重要的因素不只是那十天的培训，还需要更多的课堂学习，以及她带领人力资源团队在每次课程结束后为推动在工作中的应用而付出的巨大努力。

我用上面这个例子来说明高管为什么需要果敢力。

接下来我要阐述为什么普通员工也需要果敢力，最后我会以果敢力对中层管理者的价值来结束本节的内容。

把任性当自信的员工

我年轻时算得上是缺乏果敢力的典型代表。

但当时的我对此毫无觉察。不仅如此，我还觉得自己很"果敢"。比如，我从不直面冲突，在冲突来临时，不是觉得"没必要""懒得争"，就是一气之下与对方不相往来。

我当时在一家央企工作，工作中很多同事都会努力去争取出国的商务出差机会，那种机会不仅能让人见世面，还能挣到一些美元补助。但我从来都"懒"得去争取，而且从心底里看不起那些为获得一个出国机会，想方设法去影响不同利益相关者的人。在工作中，我几乎从不在会议上发言（当然公司提供发言的机会也不多），对那些主动争取发言机会的人，我是打心眼里看不上，觉得他们讲得既没有深度，也没有逻辑。"要是我讲，一定比他讲得好。"我总是这样想。关于升职，我的想法是"要是让我当领导，一定比现在的强"。我也从来不会去主动向上级汇报工作，而且坚定地认为"自己工作做得好，领导看不到，那是他的问题""公司不重视我，是公司的损失"……在那些年里，我的内心总有一种强烈的"怀才不遇"感。

我记得自己做得最"果敢"的一次，就是在某次被上级不够友善（没到批评的程度）地对待后，第二天就干脆不去上班了。直到第三天，上级安排一位同事来找我，并称"上级希望你今天去办公室帮他处理一些文件"，我才重新回到工作岗位。

我觉得自己这些做法是在"做自己"。

但我从来没想过要做什么样的"自己"，从来也没有为那个想要成为的"自己"确定过衡量标准。现在想来，要是我真的认真检视自己的每个做法所导致的后果，估计绝大多数都不是我想要的。我真正想要的，其实同千千万万的普罗大众没有什么区别，是希望被认可、做出成绩、获得回报等。

但我的所有做法导致的后果都与内心想要的结果背道而驰。我一方面被情绪奴役，任性而为，另一方面又期待收获那些只有驾驭情绪才能收获的成果。我把"任性"当作了"自信"。我没有定义什么是自信,也没有思考怎么做才有利于达成自己想要的结果。按思辩力的说法,我的言行,事实上都建立在一个"我对别人十分重要,因而他们应该考虑我的需求和感受"这个经不起推敲的假设上。

一个员工缺乏果敢力的表现,大致就是我当年的这个样子。

身处复杂情境的中层

在任何组织中,中层管理者要做得出色,最需要的能力就是果敢力中的化冲突为创新的能力了。

例如,有一个学员曾经在三年的时间里,先后两次参加我的三天版果敢力课程。我对他的这个举动十分好奇,问他为什么来参加第二次学习,尽管课程内容上我会有所更新,但毕竟我所提供的服务中最大的变化,就是"我脸上的皱纹变多了啊"。

他很认真地给我讲了自己为什么三年间两次来学习果敢力。以下是他的话:

"我在参加第一次学习时还是一个主管,带着一个不大的团队,工作一直做得不错,但心里想得到的提拔却一直没有得到。第一次学习果敢力时,我意识到自己并没有把获得提拔作为目标,更没有积极主动并创造性地为之付出努力。

完成第一次学习之后,我为自己的职业发展确定了目标,并开始为获得提拔付出努力。在这个过程中,我不仅把团队带得很好,收获了出色的业绩,还清楚地了解了我想得到的更高职位对能力的要求,于是我在公司内部主动寻求高级别的管理人员的指导。不仅如此,我还深入地了解了有哪些人会影响我的升职,并把他们作为重要的利益相关者,积极主动地让他们及时了解我的工作成果和能力。

两年后,我获得了自己想要的提拔。

在被提拔后不久,我就发现自己所处的环境更加复杂了,其中最重要的体现就是要面对的冲突更多了。尽管我在担任主管期间,在处理冲突时,很多时候都能够做到化冲突为创新，努力把冲突转化为通过思维碰撞得出更好想法的机会，但在我被提拔成经理后，原来的做法变得不再那么有效了。

刺激我再一次来上果敢力课程的直接原因，是我有一个同级的同事在跨部门合作中非常强势，几乎从来不重视我的想法。在与他合作中，我明显感觉到自己不能与他抗衡，并且无法引起他对我足够的重视，因而也就没法让他对自己的言行做足够的反思。我这次的学习就是要让自己变得更加果敢，让我能够在目前的这个层级上有效处理更复杂的情境，同时能够通过不断地做到化冲突为创新来达成出色的成果。"

这位身处企业中层的学员的经历，真实地反映出不同层级对果敢力的要求。当我们是员工时，所处的情境是相对简单的：在多数情况下做好自己的工作，让直接上级满意，基本上就达到要求了。当我们成为中层管理者时，情境就会复杂很多：我们需要代表自己的团队向上级提交成果，争取资源；与平级进行跨部门协作，处理各种冲突；向下还要激励和发展团队。所有这一切，出现冲突的可能性和冲突的强度，都会明显地高于处于员工层级时。而在我们成为高管后，需要处理的情境就会更为复杂：无论我们分管什么职能，都会成为一个沟通的"中心"，也是各种矛盾和冲突的聚焦点。我们不仅需要在必要时作为公司的代言人面对各种外部环境，而且在有董事会的情况下，还要应对来自董事会不同成员的挑战。同时，我们还要协调部门间的冲突，在各种复杂情境中通过驾驭与冲突方共同创造的过程，达成绩效——所有这一切，都对我们的果敢力提出了更高的要求。

我们在组织中的每次升级，都意味着人际关系的改变。一般情况下，层级越高的人，越有自己的想法，也越能够坚持自己的想法。因此，一个人在更高层级上处理冲突，就需要拥有更清晰的目标，能够以更有效的方式引起他人对自己想法的重视，进而创造出在平等的基础上进行观点碰撞激发创新的机会。

事实上，即使不追求在组织中的升迁，对于大多数人来说，人生本来也就是一个不断"升级"的过程。当我们是孩子甚至是在校学生时，所处的环境都是相对简单的。在我们成年后，就需要承担起更多的责任，各种矛盾和冲突就会自然地出现在我们的生命里：我们需要代替父母处理各种生活中需要应对的情境；如果我们决定成家，还要处理与配偶及配偶家庭的关系；如果我们生育孩子，还需要处理与孩子的冲突……多数人在生命历程中也会经历各种"升级"，而每次"升级"都会带来人际环境和人际关系的变化，都会要求我们变得更加果敢。

1.2　果敢力的定义与内涵

给一个概念下定义时，要想让其对实践具有真正的指导价值，它就必须来源于实践。对果敢力的定义，包括对其名称的确定，算得上是我多年来坚持践行"从实践中来，到实践中去""举例胜过定义，练习胜过讲义"等一系列从现象到本质的学习服务理念的结果。

果敢力名称的由来

为什么有些人能在困境中坚定前行，而有些人却犹豫不决？果敢力，正是解答这一问题的关键能力。而对一个概念进行定义，往往是无法绕开的起点。但定义并非一成不变，对它的理解会随着阅历和实践的深入而不断发展。

果敢力课程的形成与发展，是我十多年思考、探索和实践的结果。一开始，我通过接触英文单词"Assertiveness"来理解其含义。查阅词典、参加相关培训、听取老师们的解读——"坚持自己但不冒犯他人""温和而坚定"等都为我提供了初步的认知。在我担任思腾中国 CEO 期间，我们还用过"果断力"这一中文名称，来帮助学员学习和掌握这种能力。

最初，我基于已有定义开展客户培训服务。在这一过程中，我逐渐发现这些定义无法完全回答学员的深度提问。于是，我开始更深入地观察果敢力与实际工作、生活之间的关联，思考如何进一步挖掘这一能力的核心内涵。

一段时间内，我将课程命名为"自信与果敢"，以更准确地传递核心理念。然而，随着经验的积累，我意识到这些初步的定义和方法无法满足学员在复杂情境中的实际需求。我需要重新设计课程内容，探索更深层次的内涵。

在对这个主题的理解和定义不断深化的过程中，有一件小事对我有很大的启发，至今我仍然记忆如初。一次，我陪同公司董事长接受采访，对方提出的问题颇为深刻："Assertiveness是否仅仅是敢于表达、敞开心扉和坚持立场？"董事长的回答让我印象深刻："Assertiveness不仅是表达和坚持，更意味着拥有更多的选择。"他的回答给我指明了探索的方向：要为这个主题在扩展选择的可能性上赋予内涵，而不仅仅是外在的表现。

带着这一启发，我不断汲取来自学员工作和生活实践中的反馈，同时结合自身的管理经验，逐步完善课程内容。随着理解的不断深入，我逐渐摆脱了对"Assertiveness"这一英文单词的依赖，开始重新审视它的中文表述。在一次培训中，我无意间看到客户提供的课程表，其中课程的名称写着"果敢力"三个字。起初我并未在意，但随着客户和学员的持续使用，我逐渐认识到了这个名字的贴切与凝练。最终，"果敢力"成为课程的正式名称，并被注册为软实力工场的商标。

2019年，我出版了《果敢力：始终做自己的艺术》一书，使果敢力模型在书中首次系统地呈现。这一模型凝聚了我和软实力工场专业团队多年积累的心血，并为课程提供了更清晰的指导框架。

名称确定后，一个问题在各种情境中不断被问及：什么是真正的果敢？每次培训，我都会与学员就此展开讨论。通过各种互动活动，我们不断深化对果敢力的理解，探索如何在复杂情境中展现果敢力，为自己创造更多可能性。

接下来，我将分享自己迄今为止对软实力工场"果敢力"课程所涵盖的核心理念的最新见解。

"不尽全力不罢休"地应对每个挑战

在职业生涯中，总有一些关键时刻，困难和压力会逼迫人们直面挑战。在这种情况下，目标的明确性和行动的果敢性往往决定了结果的走向。我曾经与一位在某家公司负责大客户业务的高管进行过深入交流，听他分享了他的经历。那年，公司的一个重要项目因市场环境的突变而进展受阻，如果不能如期交付，客户合同的损失将对整个团队造成毁灭性的打击。当时，时间紧迫，各种不确定性层出不穷，但他并没有在压力面前退缩，而是冷静地召集团队，迅速分析形势并制定策略。他不仅亲自参与客户谈判，还协调内部资源，为团队争取更多支持。最终，他们在规定的时间内完成了交付，不仅保住了合同，还赢得了客户进一步的信任。他坦言："我知道自己如此地竭尽全力，不只是为了目标的实现，更是为了不给自己留遗憾。"

与此不同的是，一位参加果敢力课程学习的经理的故事则显得更加复杂。他所在的研发团队负责一个技术难度极高的产品开发项目，尽管他们付出了巨大的努力，但由于技术瓶颈和资源不足，项目未能如期交付。最后，公司不得不选择终止项目。虽然这位经理没能带领团队达成既定目标，但他没有用失败定义这段经历。他总结了所有实验数据，并在公司内部进行了技术分享。"虽然项目没能完成，但我知道我们已经尽了最大的努力，这些经验会为未来铺路。"他的坦然和从容，令人印象深刻。

我总是被这样的故事吸引。这些看似不同的经历，却有着一种深层次的共性：无论外部环境如何，这些人在面对目标时始终会保持清晰的方向感，并通过坚定、灵活、充满创造性的行动力，努力接近目标。他们没有被挑战打倒，也没有逃避现实，而是用行动诠释了一种状态——目标明确，积极主动，想方设法，直面困境，并在处理困境时做到"不尽全力不罢休"。他们的故事让我看到，这样的态度不仅能够让人极大地提升达成目标的可能性，还能让人在过程之中获得一种无悔的满足。

保持这种状态是一种能力，一种能够帮助我们在复杂情境中找到前进方向并为之付出创造性努力的能力。它既不是被动的退让，也不是情绪化的对抗，而是一种深思熟虑后的行动力。这种能力的价值在于，无论目标是否达成，它都能让人坦然面对，因为我们已经竭尽全力。

从一位高管朋友的果断决策，到一位研发经理在挫折中为未来铺路，他们的经历让我相信，这种能力是我们在职业生涯中不可或缺的品质。它让我们更接近目标，也让我们在每次努力中感受到自己的成长与价值。

他们在面临困境时都展现出了一些具有共性的能力：目标明确，积极主动，想方设法，勇于面对追逐目标过程中遇到的任何挑战，并在应对它们时达到"不尽全力不罢休"的状态，随后，才接受最终的结果。这些特质让他们在面对压力和挑战时，始终保持坚定和从容，无论身处多么复杂的情境，都能集中所有力量向目标迈进。这种能力让他们不仅在最终结果上尽可能地接近目标，还在追求的过程中收获了对自我价值的深刻认知。正因为他们坚持"不尽全力不罢休"，所以他们的成就感也就不仅源于结果，更源于他们在整个过程中的全力投入。

这样的能力对于我们的工作和生活有着深远的价值。在工作中，它能帮助我们在困难面前保持专注，最大程度地激发自身的潜力和创造力。在生活中，它能让我们即使在逆境中也能获得内心的满足和成长的力量。目标的实现固然重要，但真正值得追求的，是那份用尽全力后无怨无悔的心境。这种能力帮助我们摆脱无助和犹豫，增强自信心，并激发出面对未来的更多可能性。

我把这样的一种能力定义为果敢力。果敢力是一种让人目标更加清晰、行动更加充满创造力、外在表现也拥有更多选择的力量。它不仅为我们提供了面对复杂挑战时的策略，也为我们带来了内心的坦然和满足。果敢力不是单一的技能，而是一种内外一体的能力，它让我们在追求目标时，不只是接近成功，更能在每一份努力中感受到自己的成长和生命的意义。

果敢力模型与三种状态

在《果敢力：始终做自己的艺术》一书中，我把人们在追逐目标过程中的状态归为三类，分别是退让（Passive）、攻击（Aggressive）和果敢（Assertive），并对它们分别描述如下。

退让：这是一种行动上被动而内心处于自我说服的状态。比如，当我们在会议中因为犹豫而放弃发言时，内心就会说服自己"说了估计别人也不会重视，还是不说了"，从而让沉默成为我们"心甘情愿"的选择。

退让是一种特别需要改善却又十分难以觉察的状态，尤其是当它成为一种习惯后，人内心自我说服的声音将会变得微弱，难以被听见。脱离退让需要一个人对自己坦诚，最重要的是需要明确自己到底想要什么。思考目标，尤其是最初的目标，以及自己是如何放弃努力的，是帮助我们走出退让状态最重要的方式。

攻击：攻击状态在行为上有两种表现。我们最熟悉的一种就是"怒"了。我把这种状态称作主动攻击（Active Aggressiveness）状态。当我们处于这种状态时，可以明显地感受到自己的情绪和压力水平，并会以明显的言行强烈地认为自己就是对的，别人就是错的。

攻击状态在行为上的另一种表现，与退让看上去十分接近，我称之为被动攻击（Passive Aggressiveness）状态。当我们陷入这种状态时，在言行上是放弃努力的，但内心是"不服的"，是认为自己正确而对方错误的。比如，当我在工作中遇到上级布置"不合理"的任务时，我常常会口头答应，但内心却充满愤怒，我所表现出来的只是"假意顺从"而已。在我领命回到自己的工作状态时，我常常会一边工作一边抱怨——尽管有时候，这种抱怨是无声的。在一些情境中，我还会把这种内心的不满带到其他地方，比如家里。总之，当一个人陷入被动攻击状态时，他内心的负面情绪常常会到其他地方找出口。这是被动攻击状态与退让状态最大的不同。

果敢：这是一种始终知道自己的目标，并在整个过程中让言行和资源都有利于目标达成，对于遇到的任何一个挑战都会保持"目标明确、积极主动、想方设法"，直到"不尽全力不罢休"的状态。在这种状态里，我们的情绪和压力都是可控的，我们始终"知道自己在做什么"。

坚持以果敢的状态付出努力就能达成目标，甚至在不那么困难的情境中，不需要付出"全力"就能收获想要的结果。这种情境的"果敢"，显然是容易理解的。

但有些时候，即使我们竭尽全力也无法达成目标，因为这世界上的很多目标是无法确保一定能够达成的。在这种情境下，只要我们在追逐目标的过程中始终知道自己的目标，所用的方法也都尽可能有利于目标的达成，而且也尽全力尝试了所能想到的全部方法，那么我们就是始终处于果敢状态的。这种虽然未达成目标但已经竭尽全力的做法，会让我们收获内心的无悔。

果敢是一种追逐目标的最佳状态。当处于这种状态时，我们始终都知道自己的目标，而且总是积极主动、想方设法地全力接近目标。

为了方便理解这三种不同状态的区别，我制作了表1-1。

表 1-1 三种状态的对比

状态	子类别	心理活动	行为表现	结果
退让（Passive）	NA	自我说服，放弃目标	选择逃避，说服自己接受与内心期望不一致的结果	失去机会，留下遗憾
攻击（Aggressive）	主动攻击（Active Aggressiveness）	情绪外露，以自我为中心，忽视他人感受	发火、指责他人、情绪失控	破坏关系，可能短期推动目标，但难以持续
	被动攻击（Passive Aggressiveness）	情绪受压抑，表面顺从但内心不满	强行抑制攻击性言行，表面服从，随后在其他情境中表现出攻击行为	间接破坏关系，拖延或妨碍目标实现
果敢（Assertive）	NA	目标导向，专注解决问题，保持开放心态	明确表达需求，积极寻找解决方案	推动目标实现，构建健康关系，获得成长

为了更好地理解这三种状态，我将提供一些来自工作和生活中的例子。

在职场中，退让状态常常表现为自我妥协与放弃。很多习惯进入退让状态的人，常常对在会议上表达自己的观点充满顾虑，表现出沉默和顺从。有时候，即使表达了观点，一旦遇到挑战，也就很快放弃了坚持。比如，一位年轻的员工在部门会议上提出了一项改进流程的建议，但因主管说了一句"这好像不太实际"就选择了沉默，觉得自己"可能还需要积累更成熟的经验之后再提出会更合适些"。结果，这个流程优化的机会被搁置，而这位员工也失去了一个让自己能力被看到的机会。

生活中的退让状态同样常见。比如，一个朋友群正在讨论周末的出游计划，有人提议去爬山，而某人更希望去海边，但因为大家对爬山更感兴趣，他就没有表达自己的想法，只是默默随大流。虽然没有出现正面冲突，但这种状态事后也许会让他感到些许失落。

相比之下，主动攻击状态则表现为情绪失控，直接将压力或不满发泄到他人身上。比如，在职场中，一位项目经理在面对客户突然变更需求时，将压力传递给团队，情绪激动地指责成员"没有提前考虑到变化的可能性"。这种短期的情绪宣泄或许让他感觉控制住了局面，却令团队的信任感和士气大受打击，后续协作变得更加困难。

在生活中，主动攻击的状态可能发生在伴侣之间。比如，在一次普通的家务分工讨论中，其中一方因积累的不满情绪突然发火，不仅抬高了声音，甚至开始翻旧账。虽然争吵暂时平息了双方表面的分歧，却在关系中埋下了新的隐患。

被动攻击状态的特质在于情绪的压抑和延迟爆发。比如，在职场中，一位员工因被主管公开批评，虽然表面上服从指令，但之后却通过拖延任务和敷衍执行来表达内心的不满。他刻意让项目缓慢推进，甚至在私下传播负面情绪，这种隐性的破坏最终让团队和目标双双受损。

生活中的被动攻击则往往更具隐蔽性。比如，一位室友对另一位室友的某些行为感到不满，却没有直接沟通，而是通过在宿舍中制造一些小麻烦来表达不满，如有意冷落对方或在不经意间挪动对方的物品。这种行为表面上看似和平，实际上却让关系不断恶化。

果敢状态则展现了一种更积极、更平衡的特质。比如，一位项目负责人在团队中出现意见分歧时，耐心倾听各方观点，明确表达自己的立场，并引导团队寻找共同点。他关注的是如何在尊重他人需求的同时，让目标更高效地实现。最终，团队在他的带领下找到了兼顾双方利益的解决方案，既推动了项目，也增强了团队的信任感。

在生活中，一位家长在与孩子沟通时，坚持自己对电子产品使用的规定，明确表达了自己设限的原因，同时听取了孩子的反馈，并一起制定了符合双方需求的方案。这种处理方式不仅解决了当前的问题，还让双方的关系更加融洽。

基于以上内容，我在《果敢力：始终做自己的艺术》中的模型版本的基础上，对果敢力模型做了进一步丰富，如图1-1所示。

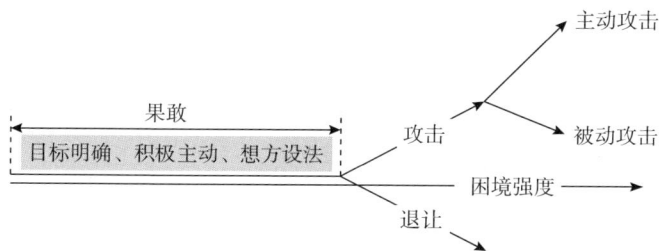

图 1-1　果敢力模型

为了便于理解，我还是用一个简单的例子来对这个模型做个说明。假设有一次我向上级汇报工作，一开始沟通很顺畅，我自然会处于"目标明确、积极主动、想方设法"的果敢状态中，但随着上级对我的挑战逐步增强，这个汇报也开始演变成困境。当困境强度在我能够承受的范围内时，我依然能够保持果敢状态。但随着困境强度的增高，我的状态就会出现分化：要么向下进入退让状态，要么向上进入攻击状态。如果我进入攻击状态，可能会表现为两种不同的形式：一种是情绪失控，呈现出对上级恶语相向的"主动攻击"状态；另一种则是口头上说着"是是是"，实则心里却处于怒火中烧的"被动攻击"状态。

困境强度是导致我的状态发生变化的根本原因。果敢力越强的人，能够承受的困境强度越高。也就是说，他们能够在极度艰难的情境下，依然知道自己想要什么（目标明确），依然积极主动，并能够以良好的创造力，找到应对困境的办法（想方设法）。

这个模型十分简单，非常容易使用，只要用它来观察自己，就可以帮助自己提升果敢力。

1.3 什么是真正的果敢

果敢，不是表面的逞强，而是一种选择，是一个人在追逐自己目标的过程中所表现出的坚强、勇敢和创造力，是我们在困境中最大限度接近目标的"秘诀"。

真正的果敢在于内心而非形式

依据字面的理解，果敢自然有果断、勇敢、自信等含义。而反映这些关键词的情境，也很容易让人想到不畏强权、敢于抗争。这些当然都是果敢的重要表现形式。

但我想强调的是果敢的另一面，只有看到它的另一面，才会对它有真正深刻且准确的理解。

只要我们观看任何一部谍战片，就能够发现果敢的另一面。无数当年在"白区"从事地下工作的共产党员，在所处的工作情境中都是不可能"高调"行事的，他们很多时候呈现的甚至是"软弱"或"委曲求全"的形象，但与那些不畏强权、敢于抗争的情境却有着共同点：行动者的目标是明确的，其言行是有利于目标达成的，其内心是积极主动且充满创造性的，他们对自己的做法可能造成的影响也是非常清楚的。

这就是真正的果敢。

真正的果敢源于强大的内心，而不是外在的"强势"。

一般地，从表现形式上来讲，果敢可以表现为两类：

一类是敢作敢为，果断坚决。比如，一个人在面临巨大的压力时，能够快速做出正确的决定，坚定自己的选择。这是我们最熟悉的表现形式。

另一类就是表面上显得很"弱"，但心里知道自己想要什么。比如，一个人在权益受到损害时，准备做出强势回应，与对方开始理论，但就在他大声表达出自己不满的瞬间，对方掏出了凶器，他马上改变做法，主动示弱并放弃强势对抗的做法，用更有利自身安全的做法（如温和商讨）。

果敢力在形式上的表现可以至刚，也可以至柔；可以雷厉风行，也可以跪地求饶，关键在于哪种做法更有利于接近自己的目标。

无论表现形式如何，在任何情境中，果敢力让人表现出来的状态都始终具有以下12个字所概括的特征：目标明确、积极主动、想方设法。同时，它还意味着勇于面对在追逐目标的过程中所遇到的任何挑战，在每一个挑战面前始终都知道自己的目标，并积极主动地不断创新，用尽一切可能的方法去应对，直至达到"不尽全力不罢休"的状态，才接受最终的结果。它本质上是一种以目标为导向的、积极主动的、真诚且充满韧性地以创新方法解决问题的能力，也是一种最能够让我们接近自己想要达成的目标的核心能力。

困境中达成目标的秘诀

关于果敢力，我在本书中不会详述太多，因为我已为此专门撰写了《果敢力：始终做自己的艺术》一书。重复的内容不仅会让读者感到乏味，也会让作者失去热情。因此，本书对果敢力的探讨会更简洁，且与前书中的内容有所不同。

坦率地讲，我并不喜欢用"秘诀"或"捷径"来形容某种方法或能力。这些词语往往带有夸张或投机的色彩，容易让人误解。然而有趣的是，一位跨国公司内部的销售培训师学员在学完我的果敢力课程后发了一条朋友圈，将果敢力课程称为"困境中达成目标的秘诀"。

起初，我对这一表述很不在意，但细想之下却发现其中的道理。如果有一种能力能够在不依赖外在资源的情况下依然让人更有可能达成目标，那这种能力的确非果敢力莫属。

试想，当我们在追逐目标时遇到困境，除了运用果敢力所提倡的做法——始终明确目标，全力以赴，想尽办法去接近它，还能有什么更有效的策略呢？当然，即便我们付出了全部的果敢力，也未必一定能达成目标。但正因为如此，将"困境中达成目标的秘诀"表述为"应对困境并收获无悔体验的秘诀"或许更合适。

为什么会无悔？

因为我们已经竭尽全力。回顾人生，那些让我们感到遗憾的瞬间，往往源于当时未能做到"目标明确、积极主动、想方设法"。而果敢力的核心，正是帮助我们避免这些悔恨，让我们在人生的每一个关键时刻都能无愧于心。

人生，因果敢而无悔。

两个果敢的人在一起会发生什么

常有人问我：当两个人都非常果敢时，他们之间的冲突会如何发展？

我的回答很简单：他们可能达成任何结果，但双方一定都会收获无悔的感受，同时，达成双赢的概率也会更高。

以新产品开发中的跨部门合作为例，假设市场部和研发部需要共同决定产品的核心功能，但双方的初步意见存在分歧。如果双方都具备果敢力，他们的合作更可能走向双赢，而不是陷入僵局或互相妥协。

果敢的市场经理在参与讨论前会明确自身的目标：确保产品功能最大限度地满足市场需求，助力产品成功上市。同时，他也会设定底线，比如优先满足目标用户的核心需求，舍弃一些次要功能。在讨论中，他会提出有力的数据支持，强调某些功能对目标用户的重要性。但他并非固守己见，而是积极寻求创新性的解决方案，与研发团队共同探索如何更好地满足用户需求。

果敢的研发经理同样会明确自己的目标：确保产品的功能设计在技术上可行，并兼顾开发成本和效率。他不仅充分理解市场经理的需求，还积极发挥技术专长，提出创造性的实现方案。比如，他可能通过引入新技术，优化资源分配，或者调整开发流程，实现既满足市场需求又提升开发效率的目标。在讨论中，他与市场经理一起深挖问题的本质，共同探索新的方法，化冲突为推动产品创新的动力。

通过这种果敢而富有创造力的合作方式，市场部与研发部能够超越各自的立场，不断迭代方案，为公司开发出更具竞争力的产品。

在工厂中，生产效率与质量控制之间的冲突也是一个典型例子：质量控制过于严格会降低生产效率，而提升生产效率可能会影响质量达标率。如果两个部门都有出色的果敢力，就能够清晰地认识到工厂对两部门合作的期待——既保证质量，又提升效率，并以此作为共同目标。

事实上，在较大的公司里，设置不同职能本身就是为了制造"冲突"或进行"制约"，并通过这种张力推动创新。任何优秀的、将生产和质量都置于自身管理职能之下的工厂副总，都希望生产与质量两个职能在提高产品质量和提升生产效率的过程中实现"既要又要"。他希望这两个部门的经理在各自的职责范围内充分发挥果敢力，不断化冲突为创新，找到双赢的应对策略。

基于这一目标，双方就不会拘泥于传统流程，而是通过创新思维解决问题。生产经理可能提出引入更高效的自动化设备，而质量经理则可能建议采用实时数据监控工具，确保在提升效率的同时不影响质量。两人通过不断尝试和调整，最终找到既满足质量要求又优化生产效率的创新路径。

两个果敢的人在一起，极端对立的情境几乎不会发生，而双赢的可能性却会大大增加。他们不会简单地妥协，而会用果敢力来化冲突为创新，从而推动彼此共同成长。这正是果敢力在互动中能够体现的深层价值：通过明晰目标、全力以赴和大胆探索，为双方创造更广阔的成长与合作空间。

第2章　果敢力在个人成长中的应用

2.1　触及边界，推动成长

成长往往发生在一次次触及能力边界的学习体验中。果敢力通过让我们保持目标明确、积极主动和想方设法的状态，帮助我们在面对每一个挑战时都做到"不尽全力不罢休"。在这样的过程中，每个挑战不仅是通向目标的桥梁，更是检验和拓展自身能力的试金石。

在每个挑战中做到"不尽全力不罢休"

我的一位年轻学员是设计师，他在课堂上与大家分享了一次自己应对困境的经历。那是一个对他来说极具挑战性的项目——一个大客户提出了极为复杂的需求，几乎超出了他的经验范围。起初，他害怕自己无法胜任，甚至想推掉这个项目。然而在犹豫中，他静下心来先问了自己一个问题："我真正想要的是什么？"

答案很简单：通过完成这个项目，验证并提升自己的设计能力，并为未来争取更多的机会。带着这个目标，他开始投入行动。他每天努力学习新知识，与客户反复沟通需求，修改方案的次数多到他自己都记不清了。每当遇到难以克服的瓶颈，他都会试着问自己："还有什么方法没有尝试？"他清楚地知道，只有让自己达到"不尽全力不罢休"的状态，他才能接受最终的结果。几个月后，项目顺利完成，他不仅赢得了客户的高度评价，还发现自己的能力有了显著提升。

"果敢力改变了我的方式。"他说，"它让我相信，只要我尽最大努力，甚至突破自己的边界，事情总会有转机，而我也会变得更强大。"

挑战才是能力边界的试金石

一位初入职场的新人，因缺乏经验而在项目组中鲜有表现机会。有一次，团队需要在短时间内为客户提供一份技术方案，因工作量较大，许多人都显得犹豫不前。他决定主动承担其中的一部分高难度任务，尽管他知道完成这些任务需要进行大量的学习与沟通。他不断查阅资料，请教前辈，尽最大努力推进任务进展。最终，他的方案不仅得到了客户的认可，也让团队重新审视了他的潜力。

后来他说："如果我当时选择了简单的任务，就不会有机会让大家看到我的能力。"这次挑战让他意识到了自己的边界，并为突破这一边界做好了准备。这可以用图2-1来表示。

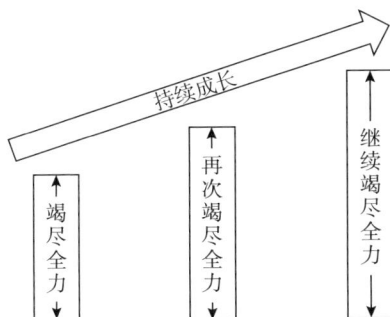

图 2-1 了解能力边界是成长的基础

成长的核心在于突破能力的现有边界。而只有高难度的挑战，才能成为能力的真实试金石。正如在学习中，只有难度较高的试卷才能准确评估我们的最高水平；在生活和工作中，只有复杂、棘手的任务，才能显示我们的真实能力。

如果我们回避困难，仅选择容易完成的任务，我们的能力将被困在舒适区中。这种"低成本成功"的满足感，往往会让我们对自己的真实水平产生错觉。而果敢力则能够帮助我们直面难度，让每次挑战都成为了解自己的机会。

为自己创造"善意的"学习环境

我的一位在科技公司负责项目管理的学员，带领团队参与了一次重要的投标。这是他们团队面对的第一个大型项目，客户要求的方案复杂且精细，团队成员都感到压力重重。然而，在项目经理的带领下，他们迅速明确了目标，分解了任务，制定了清晰的时间表，并以极高的执行力投入到每个细节中。无论是准备投标文件，还是与客户反复沟通，他们都达到了"不尽全力不罢休"的状态。

尽管最终竞标失败，但团队并没有陷入自责或沮丧的情绪中。项目经理组织了一次复盘会议，帮助团队重新审视这次投标过程。结果发现，虽然他们付出了全部努力，但在技术方案的细节和呈现方式上仍然与客户的期望存在差距。这次复盘让团队意识到现阶段自身能力的瓶颈，同时也使他们明确了下一步改进的方向。正如这位项目经理所说："虽然我们这次没有成功，但我们现在清楚地知道自己的边界在哪里，未来需要在哪些方面进一步提升。"

这种通过"不尽全力不罢休"的努力获得的反馈，正是果敢力为团队创造的"善意的（Kind）"学习环境。该团队不仅得到了关于自身能力的准确认知，还为接下来的成长奠定了扎实的基础。该项目经理用果敢力为团队提供了一面真实而清晰的镜子，让他们在挫折中看到自己的现状，而不是躲避现实，就像图2-2所展示的那样：善意的学习环境能够让我们准确地看见自己。

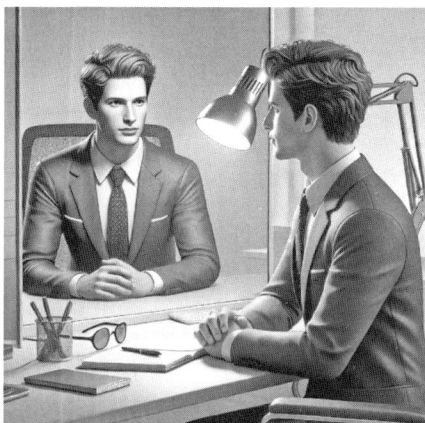

图 2-2 善意的学习环境能够让我们准确地看见自己

相比之下，另一家公司的经理在面对类似的挑战时，采取了完全不同的方式。那次挑战是为客户提供一个紧急的解决方案，但经理在过程中未能有效带领团队，也没有投入足够的努力，致使文件准备得匆忙，团队成员之间的协作也缺乏深度沟通，甚至在项目提交前关键部分还存在明显的漏洞。最终，他们的方案被客户拒绝了。

方案被拒后，这位经理安慰团队说："我们这次确实没有尽全力，下次加倍努力一定会成功的。"这种说法表面上看像是鼓励，实际上却掩盖了团队能力的真实问题。他们没有看到自身在技术能力、沟通效率等方面存在的短板，而是把挫折归因为"没有足够努力"。这样的环境并没有提供准确的反馈，反而让团队高估了自己的能力，认为只要再努力一点就能成功，从而错失了真正成长的机会，就像图2-3所展示的那样：扭曲（Wicked）的学习环境会让我们活在错误的想象里。

图 2-3 扭曲的学习环境会让我们活在错误的想象里

果敢力的价值就在于，它不仅推动我们在面对挑战时付出全部努力，还帮助我们从努力的结果中获得真实的能力反馈。只有通过这种方式，我们才能为自己和团队创造善意的学习环境，即一个能够提供及时准确的反馈，从而清晰地指出边界、明确改进方向的环境。相比之下，那些因逃避努力而导致的扭曲的学习环境，则会让我们迷失在自我安慰中，误判自己的真实能力，从而错失成长的机会。

"善意的学习环境"和"扭曲的学习环境"，是大卫·爱泼斯坦（David Epstein）在他的《成长的边界：超专业化时代为什么通才能成功》（*Range: Why Generalists Triumph in a Specialized World*）一书中提出的概念。他在书中深化了对广为流传的"一万小时定律"的理解，指出：在善意的学习环境中，一万小时定律基本成立，因为每小时的练习都能带来准确的反馈，让你改进和打磨技艺。但在扭曲的学习环境中，靠时间堆积的练习和积累并没有多大意义。

成长并不是单纯的进步，而是通过一次次触及能力边界，认识到自己的真实水平，并为下一次突破积累足够的力量。果敢力让我们在直面挑战中获得反馈，在超越边界中找到成长的可能性。无论最终结果如何，每一次努力都将成为我们向前迈进的重要一环。

2.2 让期望得到满足

在这一小节里，我将讨论五个关键词：潜意识、有意识、期望、结果和目标。理解这些关键词及其相互间的关系，对我们训练自己的果敢力有着极大的价值。

先写一段描述潜意识和有意识的关系的文字，作为我们接下来所讲内容的一个小小的铺垫：对有意识而言，潜意识就像一个随时要抢夺我们方向盘的无形人，他坐在副驾驶座上，紧盯着有意识。只要有意识出现一丝疏漏，他就会毫不犹豫地抢过方向盘，以他最舒适而不是最有利于接近目标的方式驾车而行，然后驶入深渊。

结果与期望：不可回避的客观存在

无论何种言行都会有一定的结果。人在生活中没有"无结果"的行为，即便是最简单的动作或言语，也会带来某种结果。当这些结果与我们的期望相关或对我们产生影响时，我们的内心便会对其进行评价。

对于那些满足我们期望的结果，评价有时是潜意识的。例如，当我们与人见面时说"你好"，对方回应同样的"你好"，这一行为的结果通常不会引发我们有意识的思考。潜意识默默接受了这一结果，因为它符合我们的期望。然而，当结果与期望不符时，评价就会迅速上升到有意识的层面。例如，如果我们向对方问好却被回以"你这个神经病"，这种明显与期望不符的结果会引发强烈的不满，并让我们有意识地对这次行为的结果进行评价。

那么，我们评价行为结果的标准是什么？答案是期望。期望是我们衡量结果的重要依据。更重要的是，期望本身也是客观存在的，我们不可能没有期望地活着。

期望有时是潜藏的，甚至连我们自己也未能察觉。例如，一个年轻人可能觉得自己并不在意升职，但当比他更年轻的人成为他的上司时，他内心的不服就会显现。这种不服表明他的潜意识中其实对升职抱有期望。很多时候，潜意识掌控的期望会在结果的刺激下浮现，最终上升到有意识的层面。

因此，期望与结果是一对密不可分的客观存在，并受到潜意识的强烈影响。理解这些，我们便可以更清晰地认识自己，并通过练习果敢力，掌控潜意识，深入了解自己的期望，将其转化为目标，从而让我们的言行尽可能地服务于目标、达成目标，并最终满足期望。

处于潜意识中的期望：内容与过程的悖论

处于潜意识中的期望具有两个显著且相互矛盾的特性：一方面，在内容上追求优越感，渴望在某些方面超越他人，比如获得更高的社会地位、更多的财富或更多的认可；另一方面，在过程中却追求舒适感，倾向于选择轻松愉快的路径，避免压力和挑战。这种优越感与舒适感的双重特性，往往导致行为上的矛盾与内耗。

例如，一个人可能渴望成为部门的核心成员，内心期望获得同事和领导的高度认可，但在实际行动中却习惯性地拖延，害怕承担更多责任。这种冲突让他的行动与期望背道而驰，最终导致结果无法满足内心的优越感需求。他既未能实现超越他人的目标，又因未付出足够努力而陷入深深的自责。这种悖论不仅阻碍了个人发展，也让其内心的不满逐渐累积，甚至影响其自信心与决策力。

这种现象在健康管理领域表现得尤为突出。我的一位朋友渴望拥有健康的体型，希望通过健身来改善自己的外在形象和健康状态。然而，他的行动却总是被舒适感所左右。他制订了每天晚上健身的计划，但每次工作结束后，总觉得"今天太累了，休息一天也无妨"。这种短暂的放松看似是为了缓解疲劳，但实际上却在不断消解他的目标动力。结果，健身计划屡屡被搁置，健康目标遥不可及。他因此感到深深的自责与失望，同时对自己的意志力产生了怀疑。

这些案例揭示了处于潜意识中的期望的内在矛盾：优越感驱动着期望的内涵的设定，而舒适感却拖累了行动的步伐。这种矛盾若不加以调整，很容易导致期望无法满足，甚至引发对自我的负面评价。只有清晰地认识并正视这种内在冲突，我们才能将处于潜意识的期望转化为目标，将行动调整到与目标一致，并通过加强自我约束、克服舒适感的干扰，最终让期望得以实现。

目标：链接期望与结果的桥梁

为了让结果更接近期望，使期望更可能得到满足，我们需要将期望转化为明确的目标。这种目标无论来源于有意识层面，还是藏于潜意识层面，都需要通过显性化和明确化，成为符合一定标准（如SMART标准）的具体指引。目标是期望的方向化和具体化，通过设定目标，我们可以减少因潜意识追求舒适感所导致的行为偏差，从而更有效地实现理想的结果，满足内心的期望。

期望可以分为潜意识层面的和有意识层面的。潜意识层面的期望通常隐藏较深，只有在结果偏离期望时才显现。例如，一个人可能觉得自己对家庭事务不太在意，但每当家人对他的意见或建议表现出不认可时，他就会感到失落甚至恼怒。这种情绪反应说明，他的潜意识其实对家庭事务还是很在意的，而他平时并未清晰地意识到这种期望。当潜意识的期望显现后，需要进一步转化为明确的目标，从而为行动提供清晰的指引。

有意识层面的期望则不同，它已被觉察到，但如果没有转化成具体的目标，对行动依然不会产生明确的指导价值。例如，一个渴望事业发展的职场人士，如果停留在"我希望事业有成"这样的模糊期望上，行动往往会散乱无序。然而，当他设定了"五年内成为优秀管理者"的大目标，并将其细化为"每月完成五个高质量项目报告"的子目标后，行动便有了清晰的指引。这种目标的具体化让他的行为更有方向，事业发展的期望更可能实现。

有效的目标必须具体、清晰且可操作。模糊的目标难以引导行动，而具体的目标则能为行动提供明确路径。例如，"我想变得更好"仅是一种期望，而"我要提高工作效率"也不算真正的目标。相比之下，"每天完成三项主要任务并总结反思"则是一个符合SMART标准的目标。这种具体化的目标能够将潜意识中的期望转化为清晰的行动计划，使结果更可能接近内心的理想状态。

在实际中，这种具体化目标的力量尤为重要。例如，一名销售员曾向我抱怨，自己无法达成业绩目标，但又不清楚问题的根源。在深入探讨后，我发现他潜意识里渴望成为团队中的佼佼者，但他的日常行为却缺乏计划性和方向感。于是，我为他设定了"每周新增五位潜在客户并完成三次高质量客户拜访"的具体目标。这一目标既有明确的方向，又能帮助他聚焦于关键行动。通过目标的引导，他逐步克服了舒适感的干扰，最终显著提升了业绩。这一过程说明，明确且具体的目标能够有效地将期望转化为实际成果。

通过设定明确的目标，我们可以有效联结期望与结果。这种联结不仅体现在行动与目标的匹配上，也体现在调整期望和结果之间差距的过程上。优越感驱动我们设定较高的期望，而舒适感却可能让我们在行动中选择安逸。为了缩小期望与结果的差距，需通过具体化目标来引导行为，使行动逐步与目标保持一致。

例如，一位希望改善家庭关系的中年父亲，总认为自己为家庭付出了足够的努力，却常常因与子女缺乏沟通而感到疏远。这种疏远让他意识到自己潜意识中期望与子女建立更加亲密的关系，但日常生活中却没有采取任何实际行动来实现这一期望。为了解决这个问题，他为自己设定了"每周与子女单独交流一次"的目标。随着这种交流逐步变为习惯，家庭关系逐渐改善，他的潜意识期望得到了实现，最终让家庭氛围变得更加和谐。

这个过程表明，通过具体目标，我们不仅可以缩短期望与结果之间的距离，还能够让行动更有针对性，进一步接近理想状态。设定目标的关键在于明确性和执行力，这是让目标成为期望与结果之间的稳定桥梁的核心所在。

期望是我们内心深处的动力，而目标则是将这份动力引导至与期望一致甚至超越期望的结果的关键桥梁。只有设定清晰、具体的目标，才能有效联结期望与结果，掌控潜意识对行为的影响，朝着内心真正想要的方向迈进。从今天开始，不妨反思自己的潜意识期望，并尝试将其转化为具体目标。设定一个小目标，逐步积累，从而掌控潜意识，让自己更接近理想状态，迈向持续成长与成功。

果敢力在满足我们期望中的作用

期望转化为目标，目标指引行动，行动达成结果，这是一条实现内心愿望的清晰路径。而果敢力贯穿这一过程的每个环节，帮助我们把内心的期望具体化为目标，并坚定不移地执行行动计划。通过果敢力，我们能够战胜潜意识的干扰，朝着理想结果迈进。

将期望转化为目标

果敢力的第一步是帮助我们将模糊的期望转化为具体、明确的目标。许多人停留在"希望变得更优秀"或"想要更成功"的期望层面，但这样的期望过于笼统，难以引导行动。例如，一位时间管理能力较弱的职场新人，经常因为没有明确的工作计划而导致任务堆积。通过果敢力，他将"提高时间管理能力"转化为"每天早晨花15分钟列出当天三项最重要的任务并依次完成"的具体目标。目标明确后，他的工作效率显著提升，逐步适应了职场节奏。

目标的具体化还需要制订行动计划，如将大目标拆分为可执行的小步骤。果敢力帮助我们明确这些步骤，确保每一步都与最终目标紧密相连。例如，一名财务规划者希望实现"在三年内存下第一笔购房款"的目标，通过果敢力，他将其分解为"每月节省收入的20%并投资于稳定的理财产品"的具体计划。果敢力让他保持专注，最终顺利实现了财务目标。

克服潜意识对舒适的追求

明确目标后，果敢力进一步帮助我们克服潜意识对舒适的追求，促使我们采取积极的行动。潜意识中的舒适感常让人陷入拖延和惰性。例如，一位年轻创业者内心渴望在竞争激烈的行业中站稳脚跟，但在实际操作中却总是犹豫不决，难以迈出关键一步。通过果敢力的驱动，他设定了"每周与两位潜在合作伙伴进行深入交流"的目标，主动开拓市场资源，最终在创业初期取得了突破性进展。

果敢力让我们在面对困难时主动行动，避免拖延。例如，一位团队领导者发现团队成员之间沟通不畅，影响了整体效率。他意识到需要改善沟通方式，于是设定了"每周召开一次简短团队会议，汇总工作进展并提出改进建议"的目标。通过这种主动行动，他逐渐提升了团队的协作水平，最终达成了更高的工作效率。积极主动的行动不仅帮助团队实现了目标，也让团队成员之间的关系更加融洽。

调整行动以达成目标

即便有了目标并采取了行动，通往结果的路径也不会是一帆风顺的。而果敢力帮助我们在遇到困难时灵活调整行动，寻找新的策略，确保目标得以达成。例如，一位艺术设计师希望提高自己的创作水平，但在尝试新风格时遇到了瓶颈。通过果敢力的引导，他调整了学习方向，开始模仿优秀作品中的技法，并通过与其他设计师交流获取灵感，最终成功突破了创作瓶颈。这种在行动中不断调整的能力，正是果敢力的体现。

果敢力不仅让我们能够灵活应对意外挑战，还能增强我们实现目标的信心。例如，一位职场人士希望提升专业技能，设定了"每月完成一门专业课程"的目标，但因课程内容枯燥，他一度感到难以坚持。在果敢力的支持下，他调整了学习方法，将课程内容与实际工作结合，并在学习中记录心得，最终不仅顺利完成了目标，还在工作中得到了更高的认可。这种灵活性让行动更加高效，也让期望更容易实现。

果敢力是将期望转化为结果的关键力量。它帮助我们明确目标，克服潜意识对舒适的追求，调整行动策略，让我们朝着理想的结果不断迈进。通过果敢力，我们能够缩短期望与结果之间的距离，在事业、生活和自我成长中持续进步。

用"是"，不用"否"来确定目标

很多人在人生中常常陷入"我不想要什么"的思维陷阱，尤其在职场中。我们或许不喜欢当前的工作环境、领导，甚至是所从事的职业，但这些"否定"并不能帮助我们明确真正的目标，反而可能会让我们在消极的思维模式中徘徊。不断否定自己现在的状态，并不能让我们真正走出困境，反而让我们迷失方向、停滞不前。如何突破这一困境，找到真正的目标呢？答案是：用"是"而不是用"否"来设定目标。

确定和管理目标为什么要用"是"而不用"否"？

首先，否定的思维模式会让我们陷入无尽的迷茫。

很多时候，人们都希望用排除不喜欢的事物来确定目标，其中的原因，可能是那些不喜欢的都已经在自己的生命里出现过，非常具象。然而，这种消极的方式往往只会导致我们迷失在"我不想要什么"的思维陷阱中。例如，当一个人一直告诉自己"我不想再做这种工作"时，他只能去尝试更多的工作，才可能找到真正喜欢的。但他无法穷尽所有可能的工作，他必须在有限的尝试中，对其中的一项工作说"是"。如果他一直都不用"是"来做出选择，他就会一直花费大量时间去排除不喜欢的工作，却始终无法明确自己真正想要的是什么。我们的生命有限，选择有限，我们不能在无休止的否定中浪费太多时间。因此，只有用"是"来设定目标，才能让我们从一开始就明确自己追求的方向，做出更清晰、果断的选择。

另外，以明确的"是"来确认的目标，能够激发我们内在的动力，驱使我们走向正向循环。

正向的目标比起消极的"否定"目标，更能激发我们内心的行动力。例如，"我想在工作中实现成长"这个目标就比"我不想再做无聊的工作"这个目标更具吸引力和方向性，也更能给人力量。这样用"是"来确定的目标，让我们不仅清晰地知道自己的目标是什么，还能够激励我们朝着目标不断前进。

当我们朝着明确的"是"目标努力时，就更有可能达成目标，并获得成就感，而成就感会反过来激励我们继续追求更高的目标。这样的正向循环能够增强我们的动力，并不断推动我们优化目标和提升自我。

用"是"来定义目标，可以采用以下方法。

一种方法是反思自己真正的目标。我们可以经常问自己："我真正想要什么？"只有这样的自我提问，才能够帮助我们在确定目标时，避免迎合他人的期望，而是深入内心，明确自己的需求。例如，我们对这个问题的答案可能是希望提升自我价值、实现职业突破，或者追求某些特定的成就。当我们确定答案时，就能够清晰地定义那些真正能带给我们满足感和成就感的目标。

另一种方法是尝试将"否"转化为"是"。这种方法很简单，就是把过去的否定性目标转化为积极的表述。例如，将"我不想加班"转化为"我希望提高工作效率，拥有更多时间与家人相处"；将"我不想再做重复无趣的工作"转化为"我希望参与更具挑战性和创造性的项目"。这种转化帮助我们从消极的"否"走向积极的"是"，推动我们明确真正的目标。

在用"是"确定目标之后，就是如何在行动中保持"目标感"了。在这方面，关注过程并设定具体的行动计划，是一种极为有效的方法。

目标不仅是一个遥远的终点，更是一个可以逐步实现的过程。只有将目标融入达成它的过程中，才有可能在过程中保持"目标感"。比如，当我们把

"我想成为更好的自己"细化为"每月读三本书""每天进行30分钟锻炼"这样的具体行动计划后，目标就开始融入我们的点滴生活，从而让我们的一言一行都具有"目标感"。

曾经有一位参加我的"果敢力"课程的学员，她在一家公司工作了五年，始终感觉自己并不喜欢当前的工作，尤其是目前的职位和同事们的合作方式。每当和朋友聊起工作时，她总是说："我不想再做这份工作了。"然而，当别人问她"那你喜欢什么样的工作？"时，她却总是回答不上来。她一直用否定的方式试图明确更适合自己的工作。

后来她告诉我，我在课程中所说的"在设定目标时，试着将'否'转化为'是'"这句话触动了她。她开始认真思考："我真正想要的是什么？"最终，她发现自己并不是真的不喜欢工作本身，而是渴望有更多的挑战和成长机会。于是，她将"我不想再做这份工作了"转化为"我希望能在更有挑战的岗位上锻炼自己的能力，承担更多的责任"。

从那一刻起，她开始行动起来，主动向上级申请参与更多项目，努力提高自己的专业能力，积累跨部门合作的经验。几个月后，她成功获得了晋升，并开始了更具挑战性的职业生涯。

练习果敢力，就是学习通过目标把我们潜意识中的期望转化为有意识的认知，让它受我们的能力管控，进而通过"积极主动"和"想方设法"，以"不尽全力不罢休"的精神，让目标尽可能转化为最终的结果。明确目标是一种态度，也是一种效率。只有清楚地知道自己想要什么，才能聚焦有限资源完成关键任务。无论是个人成长还是团队协作，清晰的目标始终是行动的起点。

2.3 用"目标感"管理追逐目标的过程

只有在行动中保持良好的目标感，让目标作为言行的指南，才能消除那些不利于目标达成的"冗余"，有效管控情绪的负面影响，以最高的效率接近目标。不仅如此，良好的目标感还是我们进行事后复盘并从中学习的基石。

定目标易，保持目标感难

目标其实是一个值得永恒谈论和思考的话题。

谈到目标，尤其是在工作情境中，很多人都不以为然。其中的原因很简单，即使一个人在生活中不怎么明确目标，"顺其自然地活着"，但只要进入工作场合，就不可能没有目标地工作。从本质上讲，每个人都是因为在组织中达成特定的目标而获得收入的，组织也是因为有目标需要达成而雇用员工的。

即便如此，每个人在工作中的目标感还是有很大不同的。除了做事技能的熟练程度，一个人的目标感的强弱程度常常是导致其效率高低的重要原因。

例如，有很多人在处理跨部门的冲突时，就常常会忘记自己的目标。

有一回，我去找合作部门要一份资料，碰巧与我对接的人十分忙碌，当时的心情似乎也不好，因此对我的态度就不是那么友好。他在为我整理资料的过程中，随口以抱怨的口气说了一句话："你们部门的人总是喜欢催人！"

我当时就生气了："你凭什么这么说？给我们提供支持难道不是你的工作吗？"

他见我这样，当时就停了下来，指着我说："你凭什么说我的工作就是给你们提供支持？我这是在帮你们！别这么不领情！"

"好吧，那我就跟你较较真了。"我一边这样想着，一边说："那好，你去找你的领导问问，你是不是应该给我们提供支持。"

他也不示弱："你愿意找就找去，反正我的岗位职责中没写着要给你这样的人提供支持。"

听他攻击我，我立刻回击道："我这样的人怎么啦？比你这样的人强多啦！我看你就是想推脱责任！"

…………

然后我们就这样吵了下去。我已经把自己最初找他要资料的事全部抛到脑后了。

这种失去目标感的例子，无论是在工作中还是在生活中，俯拾即是。

而那些"时刻都知道自己想要什么"的、拥有良好目标感的人，显然在达成目标方面的效率要高出很多。他们在处理上述情境时，不会因为对方的态度和情绪变化而影响自己的言行，导致自己的行动出现偏颇，致使自己改变甚至丢失目标。例如，他们会在对方抱怨时，坚持聚焦自己的目标，继续以良好的态度进行沟通，促使对方继续合作，提升效率。在听到对方说"你们部门的人总是喜欢催人"时，他们会回应说"都是为了把工作做好，辛苦你啦"。他们努力将对方的注意力保持在提供支持上，从而以更高的效率达成自己的目标。

很多时候，我们虽然制定了目标，但在追逐目标的过程中，却常常会因为各种原因失去对目标的关注。

我把在追逐目标的过程中，让自己保持对目标关注的能力称为目标感。目标感源于目标，但融于行动之中。没有初始的目标，我们当然不知道在行动中要追逐什么，但只有初始的目标是不够的，因为在行动过程中，我们的行为所处的是一个动态的环境。在动态的环境中，始终将目标作为我们言行的指南、有效应对各种干扰所依赖的就是目标感。

就像航海一样，目的地是我们的目标，导航仪则是航行中行动的指南。导航仪为我们提供的，就是追逐目标过程中的目标感。

没有强烈的目标感，我们的努力就会被他人所左右。在对方拥有出色的目标感时，这种情形尤为明显。

例如，有一次我的一位销售同事外出拜访客户。出发前，他在办公室向大家明示了自己的目标：了解客户的培训需求。回来后我们发现他根本没有了解到相关信息，于是就问他拜访过程中发生了什么。他回答说："我向对方问过他们的培训需求，但他没有直接回答，而是更想了解我们的课程大纲和学员资料。毕竟他是客户，我觉得继续问他关于培训需求的事可能会伤害关系，所以这次拜访主要就是回答他关心的那些问题了。等下次拜访时，我再好好问一下他。"

这种听上去极为"合理"的回答，其实是一个缺失目标感的典型例子。当然，如果站在那位客户的角度，回避培训需求、更多地了解供应商的课程大纲和学员资料是他的目标，那他的做法就是一个将目标感保持得很好的例子。

生活中很多物业公司在处理邻里冲突时，也常常能够展示出良好的目标感，进而让住户丢失他们自己的目标感。例如，一位住户向物业公司反映，邻居停车妨碍了自己的生活，物业公司马上就指出停车的邻居做得非常不对，没有素质，这样的人给他们也添了很多麻烦。这时如果这位住户也跟着物业公司的人说邻居不好，那么物业公司的目标就达成了：顺利地将自己的管理责任转移到对停车邻居的指责上。而向物业公司反映问题的住户则很明显地丢掉了目标——让物业公司负起管理责任。

定目标易，于一言一行中保持目标感难。

有意思的是，在管理实践中，很少有人意识到目标管理存在问题。谈到目标，多数人都会说，"目标啊，这方面我们没有挑战，因为每个人都有自己的工作目标。"是的，每个人都有工作目标，甚至签订了"责任状"。但问题是，人们在定好目标之后，是否能够以良好的目标感，让自己的点滴工作都有利于目标的达成，停止那些并不创造价值的无效工作？目标感，才是目标管理的基石。

事实上，管理者应用领导力带领团队时很重要的一个价值，就是让团队保持良好的目标感。那些只在年初与员工签订目标责任书，且只在年终做目标达成结果回顾的管理者，缺乏的正是在一年中让员工保持目标感的能力。

情绪管理的利器

情绪管理有很多方法，其中最流行的是觉察情绪，之后接纳它，同时努力活在当下，运用诸如"正念"、关注呼吸等技巧，让它慢慢消退。

作为果敢力训练的专业人士，在我看来，目标，尤其是目标感，才是管理情绪的利器。

举个例子，一对夫妻可能因为一件小事陷入争执，逐渐导致情绪变差，出现相互指责甚至更加激烈的冲突。如果在这个过程中，有一方能够突然说出一句："我们这是为什么吵啊？"并在接下来的过程中不断邀请对方思考要达成的目标，双方的情绪常常就能够平复下来。

事实上，在生活中扮演"劝架者"角色的那些人，运用的就是这些技巧。"劝架者"常说的一句话就是："大家都是为了……"这句话说的就是目标，这种劝法也是为了让冲突各方明确自己的目标。

我的一个学员就是用目标管理情绪的高手。他告诉我，有一次他去给一家客户送报价资料，客户负责人接过资料后，只看了一眼价格，就把资料撕掉扔在地上，告诉他要是这样的价格，就不要再来谈了，并喝令他马上离开。他因为非常清楚自己的目标，所以并没有被对方的做法激怒。不仅如此，他还蹲身把散落在地上的碎纸片一一捡起，装入自己的包中。离开前还诚恳地对客户负责人说："抱歉没能让您满意，我回去更新一下报价，明天再过来交给您。"

最终，他以同样的价格赢得了订单。

我们为什么会情绪失控？其中的根本原因之一，就是我们在追逐目标的过程中受到了阻碍。我年轻时被上级批评，就会心生愤怒，言行受情绪左右，变得消极抱怨，甚至愤而辞职。这些本质上都是自己的"目标"未能达成导致的。那个"目标"——无论是潜意识的还是有意识的，至少是希望不受批评，最好是得到表扬。在这样的"目标"无法实现时，我的情绪就被激发了。

如果我的目标很清晰，在与上级互动的过程中也能够保持良好的目标感，情绪失控的可能性就会大大降低。就算是我的目标是"求表扬"，但如果能在受到上级批评时仍不忘初心，我的反应就有可能通过管理好情绪，直接向上级表达自己的感受："我本来以为自己是可以得到您的表扬的，没想到被您批评了一通。我当然认可您指出的那些不足，但也希望您能肯定我那些做得好的地方。"这样的回应，不仅可以避免自己受负面情绪左右，甚至还能转被动为主动，为自己赢得一些表扬。

十多年前，我当时还在思腾中国担任CEO，曾经带领两位老师应邀去给一所教育学院的老师们讲授"培训培训师"课程。除了学院的院长，包括教学副院长在内的老师们都作为学员参加学习。院长则端坐在教室的最后边观察我和两位老师的教学。

第一天下午的课程结束后，我们按约定向学员寻求反馈。每个学员都给予了积极的回应。就在我听完最后一位学员的发言准备做总结时，那位坐在后面的院长站起来说道："我也给点反馈。"随后就说了一连串的负面意见。在这个过程中，我一直专注地看着他的眼睛，认真听他讲的每句话。在他说完后，我回应道："谢谢院长您提供的反馈意见，我都记住了，今天晚上我会与两位同事一起认真讨论，并会将您的意见体现在明天的课程中。同时我也有个请求，根据我们课程开始时的约定，在这个教室里，任何人在向他人提供反馈时，都将遵循'两正一负'的原则，您能够给我们提供一个正面反馈吗？"

那位院长没想到我会如此反应，愣了一会儿，说："你们教学时不用投影仪，不使用PPT，而用白板纸与大家一起共同创作，这一点儿还是不错的。"

课程结束后，那两位老师很认真地告诉我，在我向院长提出请求的瞬间，他们看到了什么是真正的果敢。

回想起来，我当时能够在收到那位院长一堆批评意见后，有勇气平静地向那位院长求"表扬"，根本原因在于我很清楚自己的目标：我会认真倾听任何反馈，但同时也会全力推动课堂规则的落实。

那天晚上，我与两位老师认真讨论并处理了那位院长的各项反馈意见，并将其融入第二天的教学中。第二天上午结束时，那位院长再次表达意见，但内容与第一次完全不同了，他的反馈中只有赞扬，没有负面反馈。午餐时，他特意邀请我坐在他与教学副院长之间。席间，那位拥有教育学博士学位的教学副院长对我说："我是研究教育学的，你们是践行教育学的。"她的这句话，是我迄今为止收到的在专业上的最高评价。

复盘和反思的起点

很多时候，人们在对自己的过去做反思的时候，常常只检视当时的做法，而忘记审视当时的目标。

我的一个朋友小王在工作中与同事发生了冲突。大致情况是，他希望对方为自己的报告提供点资料，但那位同事很不情愿。在小王向那位同事说明意图之后，那位同事就抱怨道："那些资料本来应该是你负责的，我当时只是帮忙代为管理了一下，现在弄得好像成为我的分内事了。"小王一听这话，就笑着说："都是同事，大家也没必要分那么清楚。"没想到那位同事听了这话后，很生气地说："你说得容易，把活儿让别人干当然不用分那么清楚了。你那么大气，干脆把我的活也干了得了。"这一下当时就把小王噎得反应不过来了。

小王事后问我："当那位同事说那句让自己反应不过来的话时，我该怎么应对呢？"

小王的这种反思方法是我们最常见的，就是聚焦于"应该怎么做"上。

当然了，有经验的人常常不会马上回应"应该怎么做"，他们常常会反过来问对方"你当时的目标是什么"。

是的，在我们对过往做反思或复盘时，不应该简单停留在"应该怎么做"上，尤其不应该停留在"对方那样做，我该如何应对"上。其中的道理很简单，如果在决定我们做法时，只考虑对方的言行，不考虑我们的目标，我们的目标就会变成"如何应付对方"。这正是导致我们在困境中无法保持目标感的重要原因。

在前面小王面对的情境中，如果他的目标依然是为了让那位同事提供资料，就完全可以假装听不见同事的抱怨。对于同事的任何抱怨，在报以理解的同时，只简单重复"拜托了""辛苦了"，远比"认真"回应那位同事的每句话更有利于达成自己的目标。

这就是我们看到很多目标明确的人都会"选择性地"回应他人的原因。

例如，职场中最经典的上下级对话里，如果员工向经理提出升级加薪的要求，而经理手中资源有限，一方面无法答应员工的要求，另一方面又想留住员工。一旦他明确这些目标，他的做法常常就是"转移话题"：要么跟员工聊聊长期的收益，或者站在更高视角看"广义"的收益；要么与员工探讨工作对其成长的价值等。如果员工的目标明确到"不升职加薪就走人"的程度，那么在谈话过程中，也会很好地保持自己的目标感，不会被经理的这些回应所左右。

因此，如果我们在处理困境后对自己的做法不够满意，在反思和复盘时就应该把目标当作起点，不断地检视自己在当时的情境中，有哪些时刻丢失了目标感，如果要保持目标感，让自己的做法更有利于目标的达成，应该做哪些调整。只有这样的反思和复盘，才能够帮助我们找到有利于达成目标的方法，同时避免因困于"他那样做，我该如何应对"而陷入被动和偏离目标。

2.4 训练"迎难而上"的习惯

面对挑战时的反应，往往会决定一件事情的成败。积极主动并不是一种天生的性格，而是一种通过实践逐步培养的能力。当目标受到外界阻力时，保持行动力、快速调整心态并重新聚焦目标，是推动事情发展的关键。无论是在挫折中重新定位目标，还是在面对看似无法逾越的困难时寻找前进的办法，积极主动的状态都是将可能性变成现实的第一步。

重新定位目标：把挫折转化为机会

挫折是每个人都无法避免的经历，但真正的挑战在于如何从挫折中找到重新出发的方向。我的一位担任项目总监的学员曾分享过一个令人印象深刻的案例。他所在的公司启动了一项雄心勃勃的研发计划，希望通过技术创新进入一个全新的市场。然而，项目在投入大量资源后，却因技术瓶颈和市场效果不佳而被迫终止。团队士气低落，而他作为项目负责人，也在质疑自己是否低估了困难。

在经历短暂的挫败感后，他决定将挫折转化为一次反思的机会。他带领团队回顾项目的每一个关键节点，从挫折中提炼出经验教训，并重新审视他们未被充分利用的资源。在多次讨论后，他们发现，虽然原本的目标未能达成，但项目中开发的一项技术可以被用于改善现有产品的性能。他们立即调整方向，将剩余资源集中到这一新目标上，并与市场部门合作，通过试点测试了方案的可行性。

这一调整带来了意想不到的成果。这项技术被成功应用于现有产品，不仅节省了成本，还提升了市场竞争力。虽然原始目标未实现，但受挫的项目却成了一次创新的催化剂。通过重新定位目标，他们收获了更多实际价值。

在挫折面前，重新定位目标的关键在于积极反思和寻找新方向。这种做法并非单纯的执着，而是帮助我们在挫折中找到潜在价值，并将其转化为行动。只有保持积极的状态，才能在不利局面中抓住机会。

在阻力中寻求突破

阻力是任何复杂目标的一部分，但保持"目标明确、积极主动、想方设法"直到"不尽全力不罢休"的果敢状态是突破阻力的关键。一位负责市场拓展的经理曾分享过他的经历。他的团队在尝试开拓一个新市场时，接连遇到客户反馈冷淡、合作方支持不足的问题。团队的信心受到打击，执行进度也大幅放缓。

这位经理没有等待外部条件的改善，而是积极主动地寻找突破口。他首先主动联系客户，深入了解他们的真实需求，发现当前的推广内容并未准确触及市场痛点。他立即调整策略，重新设计了推广方案，将重点放在客户最关心的具体解决方案上。同时，他协调内部资源，集中力量支持这一关键市场。

他还通过自己的行动带动团队士气。他没有隐瞒问题的复杂性，而是公开分享自己的调整思路，与每位成员讨论具体的执行方案。在这样的引导下，团队不仅重新找回信心，还迅速制订了新的计划。最终，他们突破了市场的初期壁垒，不仅实现了预期目标，还为后续市场扩展奠定了基础。

阻力的存在并不可怕，真正关键的是如何面对。积极主动的行动，让团队能够在资源受限的情况下快速找到突破口。这种能力不仅依赖于个人的领导力，也源于清晰的目标感和强大的行动力。

训练内在的果敢：情绪管理与心态调整

在挑战面前，情绪的管理与心态的调整同样重要。我的一位担任销售总监的学员曾分享过一个特殊的案例。他的团队在争取一个重要客户时，因为竞标中突发的情况而失去了机会。这对团队来说是一次重大打击，许多人开始怀疑自己，甚至有人提出离职。

作为团队的领导者，他选择直面团队的情绪问题。他主动召开了一次团队会议，鼓励每个人坦诚地表达自己的失落感。他用事实和数据向大家展示，在竞争激烈的环境中，即使挫折也是一种学习的机会。他还强调，这次竞标虽然受挫，但他们已经积累了宝贵的市场数据，并与客户建立了更深层次的关系，为未来合作打下了基础。

更重要的是，他带头制订了一项针对性计划，将竞标中的经验迅速应用到其他项目中。他用自己的行动向团队证明，即使面对挫折，也可以通过积极主动的调整找到新方向。团队逐渐从失败的阴影中走出来，在接下来的几个季度中成功拿下了多个重要项目。

通过情绪管理和心态调整，行动力得以激发。在任何复杂局势中，情绪波动和心理压力都是不可避免的，但通过积极的沟通和清晰的目标感，可以将这些压力转化为前进的动力。

"迎难而上"的习惯并不是一种单纯的执行模式，而是一种全情投入的行动姿态。无论外部条件多么不利，集中力量于关键环节往往能带来意想不到的成果。

一位负责供应链管理的经理曾分享他的经验。他在接手一个供应链优化项目时，发现公司的资源严重受限，而与供应商的关系也极为复杂。他清楚，如果按照传统方式解决问题，很可能无法在既定时间内达成目标。

于是，他与团队重新定义项目的核心任务，聚焦于优化供应链的关键节点，而不是全面改革。他带领团队优先解决与最重要供应商的关系问题，通过集中力量迅速达成初步成果。更为重要的是，他让每一位成员参与到目标制定和执行中，确保大家都能围绕共同目标展开工作。

最终，这一项目不仅按时完成，还显著提升了公司整体的供应链效率。这种集中力量解决关键问题的实践，不仅带来了显著的成果，也在团队中形成了高度协作的文化。

2.5　在约束和冲突中创新

面对复杂目标，仅仅明确方向和保持积极主动往往不足以达成目标。真正的突破常常来自在局限条件下找到新方法，或者通过整合资源开辟新路径。这种状态不是一时的灵感，而是始终以达成目标为基础，保持强烈的目标感、问题意识和对解决方案的渴望。

局限中的新方法

在资源受限时，寻找新的方法是十分重要的出路。例如，一位负责优化运营的经理接手了一家生产效率低下的工厂，他面对的是设备陈旧、预算有限和团队士气低落的局面。他没有陷入对资源不足的焦虑中，而是选择从细节入手，观察并记录生产流程。

他发现，工厂设备虽然老化，但核心瓶颈并不在硬件上，而是在管理和沟通上。通过调整排班、优化流程和简化沟通，他快速提升了工厂的生产效率。在此基础上，他与一家设备供应商达成合作，以租赁方式引入了一台新设备。尽管这只是有限的升级，却迅速提高了生产效率，也给团队增强了信心。

在这个过程中，尽管问题并没有被全部解决，但他通过把注意力投放到改变和创新上，找到了最有潜力的改进点，为团队打开了一条新的可能路径。这也让团队逐渐意识到，在很多情况下，约束就是对创新的召唤，局限条件也并非绝对的障碍。

整合资源：突破限制的实践

整合资源的能力是突破的重要工具。例如，一位初创企业的创始人曾因资金不足和团队经验有限而面临困境。市场的竞争压力摆在眼前，但凭借现有条件似乎难以实现扩张。

他将目光投向外部，通过行业论坛、社区活动和其他创业者的网络，逐步获取市场信息，并发现了新的合作机会。与一家物流公司建立合作关系后，他不仅解决了早期的物流难题，还在成本控制上实现了突破。

与此同时，他没有忽视团队内部的潜力。通过灵活的分工和明确的目标，每位成员的能力都得到了最大限度的发挥。在一年的时间里，这支小团队不仅站稳了脚跟，还开始在目标市场中占据一席之地。

他的选择不仅帮助公司解决了扩张初期的难题，也让团队意识到：有限的条件并不意味着缺乏可能性，关键在于如何善用每一份资源。

从多种可能性中开辟新路径

陷入僵局时，单一解决方案往往不足以打开局面。例如，我有一位担任研发总监的学员，他在负责一款新型医疗设备的开发时，团队长期困于核心技术难以突破，项目进展缓慢，甚至被公司高层质疑项目是否值得继续推进。

在内部讨论中，他决定改变思路，不再依赖单一技术路线，而是鼓励团队同时探索多种可能性。这样的开放性尝试为团队提供了更多选择，也让一些曾被忽视的想法得以重现。在反复试验后，他们成功结合了两种此前没被选择的技术路线，既解决了核心问题，又显著降低了生产成本。

这个转变不仅让团队解决了技术难题，还带来了对更高效工作方式的全新认知。面对困难时，坚持对多种路径的探索，往往能在看似不可能的局面中找到新的机会。

借助外部支持：团队与导师的作用

解决复杂问题常常需要借助外部的力量。例如，一位负责市场拓展的经理在进入新市场时，对当地用户的需求理解不足，团队的推广策略难以执行。他主动联系行业中的资深人士，通过专业意见补全了对市场的认知盲区。

与此同时，他还邀请外部顾问协助设计推广方案，并以此为基础，结合团队内部讨论逐步优化执行路径。在这个过程中，他并没有试图一人扛下所有压力，而是合理分工，让每位成员都清楚自己的角色和任务。最终，这个项目按时完成，成为公司拓展市场的成功样板。

外部支持往往不仅是针对特定问题的解决，它带来的新视角和资源，也会成为团队进一步发展的动力。

无论是通过细节发现机会，还是通过整合资源打破限制，真正的突破总是来源于持续的尝试和对目标的专注。"想方设法"不仅是方法，更是一种精神：不轻易放弃，不局限于眼前的困境，在限制中挖掘可能。

在很多时候，推动突破的关键不是拥有多少资源，而是如何在已有条件下最大化地利用它们。这样的坚持与努力不仅能带来眼前的成效，也会为未来应对更复杂的挑战积累经验和信心。

2.6 保持目标的灵活性

在工作和生活中，设定明确的目标是果敢力的核心之一。然而，目标并不是一成不变的。在快速变化的环境中，灵活地调整目标显得尤为重要。保持目标的灵活性，并不意味着放弃初衷，而是以动态的方式重新规划成功的路径。这种能力，特别是在不确定性较高的情境中，往往能够决定一场行动的成败。

对环境变化的敏锐洞察

我的一位在某家公司负责新市场开发的学员曾分享过这样的经历。他们团队原本计划在六个月内进入某新兴市场，并预期通过这一市场的增长为公司带来可观的收益。然而，在实施过程中，他们发现市场的竞争比预期的更加激烈，资源投入的回报率也低于预期。这位学员意识到，如果继续坚持原计划，不仅会导致公司资源的浪费，还可能影响团队的信心。他果断调整策略，暂停对该市场的深耕，将目标转向竞争较小的邻近市场，并快速适应新环境稳步推进。最终，他们不仅在目标市场的邻近市场迅速站稳了脚跟，还为后续拓展原目标市场打下了更稳固的基础。

这个调整过程并非没有困难。一开始，团队成员对调整目标充满疑问，甚至有一部分人认为调整是"动摇了初心"。为了化解这些顾虑，这位学员组织了团队会议，详细分析了原计划面临的挑战及调整后的优势。他不仅分享了自己对环境变化的观察，也列举了调整后的潜在收益。更重要的是，他赋予团队每位成员重新定义自己角色的权力，使他们能够主动参与到新的目标规划中。这种做法不仅让团队成员理解了调整的必要性，还增强了他们的责任感。

目标灵活性的核心在于对环境变化的敏锐洞察力。果敢力要求我们在追求目标的过程中时刻保持警觉。当环境变化、信息更新时，我们需要用开放的心态重新审视设定的目标。这不仅考验我们的判断力，也要求我们具备适应变化的韧性。一个成功的领导者，往往是在平衡短期与长期目标之间表现出果敢力。在快速变化的商业环境中，过于坚持原计划可能会错失关键机会，而随时调整目标也可能带来执行力的分散。找到坚持与调整的平衡点，是果敢力的重要体现。

我有一位学员，他所在的公司经历了从传统零售商向电商转型的艰难过程。起初，公司的目标是通过增加线下门店来扩大市场占有率，但随着电商的兴起，这一战略显然无法适应新的竞争环境。他在负责转型项目时，最初遇到了内部的极大阻力：一些部门领导坚持认为开设新门店才是公司的"核心竞争力"。面对这种僵局，他并没有急于推动转型计划，而是选择用数据说话。他收集了详细的市场趋势数据，通过对比传统零售模式与电商模式的回报率、成长性，逐步改变了管理层的观念。他强调："果敢力并不是一味坚持，而是在变化中找到最优解。"

目标灵活性也与个人成长息息相关。许多人在职业生涯中都会设定长远的目标，比如在五年内达到某个职位，或者完成某个技能的精通。然而，生活并不会总是按计划行进。一位参加过"果敢力"课程的学员分享过她的经历。她原本计划在三年内完成职业晋升，但由于公司结构调整，她的部门被拆分，晋升机会变得渺茫。面对这种变化，她并没有放弃，而是主动调整目标，将重点转向提升自己在跨部门协作中的能力。她加入了几个临时项目组，并利用这些机会积累了宝贵的经验。一年后，她被任命为公司转型项目的负责人。这位学员总结道："目标的灵活调整，并不会削弱我们的决心，反而会让我们更加专注于核心价值。"

高效沟通和紧密协作

在调整目标时，有效的沟通是不可或缺的一环。一位参加我课程学习的项目经理在分享经验时提到，她在负责一个跨部门项目时，遇到了目标调整的典型挑战。原本的计划是通过内部资源优化来提升生产效率，但在执行过程中发现，这一目标的达成需要依赖外部供应链的支持。面对这一变化，她没有单方面做出决定，而是召集项目团队讨论，并倾听他们的意见。她坦言："真正让团队接受目标调整的，不是领导的权威，而是让每个人都能看到调整后的机会和他们的价值。"通过讨论，团队不仅重新定义了项目的优先级，还集思广益地提出了多个切实可行的解决方案。最终，项目在新的方向上得到了超出预期的成果。

保持目标灵活性的第二个关键点在于团队合作。在一个组织中，单靠个人的力量往往难以完成目标的调整。优秀的领导者懂得如何利用团队的智慧激发成员的创造力。在一次企业内部的变革中，我看到一位经理通过开放式的讨论方式成功地调整了团队目标。他设置了一个"头脑风暴周"，邀请团队成员畅所欲言，分享他们对当前项目的建议与担忧。通过一系列的讨论，团队成员共同找到了一个平衡时间与资源的替代方案，并达成了共识。这位经理在总结时提到："果敢力的真正价值，在于让目标的调整变得有意义，而不是单纯的权宜之计。"

无论是在组织层面还是在个人层面，目标的灵活性并不意味着放弃核心价值，它是一种更高效、更智慧的前进方式。它也与我在后面要讨论的"复原力"高度相关。从本质上讲，保持目标的灵活性就是"复原力"中的"目标重建"。在快速变化的时代，我们需要的不仅是追求目标的果敢力，还需要适应变化的灵活心态。正如上述案例所展示的，果敢力的灵活性让我们在面对挑战时，不仅可以快速调整方向，还能以更清晰的思路迎接未来。

第3章　果敢力在团队与组织中的体现

3.1　果敢力与领导力

果敢力在领导力中的作用尤为关键。它不仅帮助领导者明确目标、带领团队突破复杂局面，还能通过积极主动的沟通与协作推动组织取得更高的成就。

我的一位高管朋友在负责公司转型项目时，遇到了来自团队内部的巨大阻力。一部分核心成员认为项目的方向不够明晰，对资源投入抱有疑虑；另一部分则担心转型会带来更大的工作压力，因而态度消极。在这样的局面下，项目的推进一度陷入停滞。

注意到这些情况后，这位朋友没有放弃目标，也没有急于推动变革。他以"目标明确"作为基础，"积极主动"地"想方设法"：他先花时间与每位核心成员单独沟通，了解他们的顾虑和想法。通过这一步，他发现问题的核心并不是资源不足，而是团队成员对转型目标的认同感不高。于是，他果断调整策略，在全员会议上重新明确了项目的核心目标："我们转型的最终目的是提升市场份额，而不是增加内部压力。所有的变革措施都会以团队的高效与可持续为前提。"同时，他邀请团队成员积极提出建议，帮助优化转型方案。

这种坦率而开放的沟通方式迅速提升了团队对项目的信心。成员们开始积极主动地提出改进意见，并投入到转型的各项工作中。最终，这个项目不仅成功落地，还提前完成了既定目标。团队成员的表现也让他感慨道："果敢力让我学会了与团队成员共同定义目标，而不是单方面下达命令。同时，还应在实施过程中，激发团队成员的'积极主动'和'想方设法'。领导力的关键不仅在于个人的果敢力，还在于如何激发团队的果敢力。"

目标导向的工作风格

领导者的果敢力常常是团队面对困难时的重要突破点。在一个快速变化的环境中，领导者需要以清晰的目标、灵活的策略和坚定的态度引领团队前行。

我的一位担任营销总监的学员曾在市场竞争激烈时接手了一个几乎要被放弃的产品线。他接手后首先明确了目标："这个产品必须在六个月内实现盈利。"这一目标虽然激进，但却为团队提供了清晰的方向。随后，他以果敢的状态采取行动：整合了公司内部的营销资源，重新设计了产品的市场推广策略，并与团队成员定期沟通进展。他鼓励团队成员在面对挑战时主动提出解决方案，而不是等待命令。

在他的带领下，团队不仅如期实现了盈利目标，还在市场中重新树立了品牌形象。事后他总结说："果敢力让我在最关键的时候帮助团队找到了方向，并且用实际行动告诉他们，只要目标明确并想方设法，就没有不能解决的问题。这是目标导向的工作风格的力量。"

化解局部冲突

领导者的果敢行为可以在团队局部冲突中起到关键作用。这种冲突往往来源于目标不清、沟通不畅或资源分配不均，而果敢力能够通过重新聚焦目标和建立信任为团队找回平衡。

我的一位担任总监的学员在推动跨部门合作时，曾面临一个两难的局面：技术部门认为市场部门对产品的定位不够清晰，因而无法制定开发方案；而市场部门则抱怨技术部门过于保守，不愿冒险尝试新的功能设计。两部门之间的争执使得项目进展一再拖延。

这位学员通过果敢力找到了解决之道。他首先分别与两部门的负责人沟通，明确了双方的核心需求，并在全员会议上提出了这样的目标："我们需要一个能在两周内落地的方案，而不是继续争论谁对谁错。"他还鼓励双方列出各自的资源和限制，寻找可以兼顾双方利益的解决办法。

最终，技术部门在市场部门的支持下，完成了一个精简但功能突出的产品版本，而市场部门也因此增强了信心。整个项目不仅如期交付，还获得了客户的高度评价。这次经历让他深刻体会到："果敢力所倡导的化冲突为创新的理念，道出了创新源于冲突的本质。果敢力不仅能化解冲突，更能将冲突转化为团队共同进步的动力。"

在快速变化中找到确定性

在快速变化的环境中，果敢力能够帮助领导者迅速做出调整，让团队在不确定性中找到行动的方向。一位负责海外市场拓展的学员曾面临客户需求突变的挑战。原本的计划因政策原因被完全推翻，而新政策要求公司提供更多的本地化支持。

这位学员没有因为突变而慌乱，而是带领团队一起重新定义目标："我们必须在一个月内推出符合新政策要求的产品版本，并尽可能快速地争取客户信任。"她迅速组建了一个专项小组，直接对接政策需求，同时在资源上向这个项目倾斜。最终，她带领的专项小组不仅达成了目标，还通过本地化服务赢得了客户的额外订单。

她的经验表明，果敢力在快速变化的复杂情境中最重要的作用是帮助领导者迅速明确目标，做出决策并行动，带领团队从困境中找到机会。

果敢力在领导力中的作用不仅体现在明确目标、推动行动、化冲突为创新，通过创新达成共赢，更重要的是通过具体的行动助力团队在短期内实现突破。从化解冲突到应对突变，果敢力帮助领导者直面复杂问题，让团队始终保持信心与凝聚力。这种能力是领导者个人的关键特质，也是在变化中推动组织发展的重要力量。

3.2 果敢力与高绩效团队

果敢力通过不断强化积极主动的工作态度，始终以目标为核心分配资源开展工作，同时践行化冲突为创新的理念，可以有力地推动团队绩效的提升。

目标沟通的挑战与转变

我的一位高管朋友曾在推动销售团队改革时遇到了不小的困难。在困境中，他个人以果敢的姿态直面问题，并通过坦率沟通带领团队。但他很快发现，单靠自己并不足以解决问题。团队成员的果敢力水平参差不齐，有些成员在面对他的开诚布公时直接进入主动攻击状态，比如情绪化地反对策略或抱怨环境；有些成员进入退让状态，不再表达自己的观点，变得消极被动；还有些成员进入被动攻击状态，表面上答应，实际上却通过拖延或不合作来表达不满。

意识到这一点后，他组织了一次果敢力训练，让团队成员通过模拟场景和对真实工作中困难情境的演练，学会如何在面对压力时保持目标感，并理性地表达自己的想法。训练结束后，团队的沟通氛围有了明显的改善。团队成员开始主动提出建设性意见，团队的目标执行力也显著提升。

一位参加我课程的经理曾推行过一个"每日目标计划"，他请每位成员每天早上分享自己最重要的一项任务，并在下午进行反思。初期，这一计划遇到了阻力：有些成员因目标不明确而沉默不语，有些成员则因为与团队目标缺乏关联而显得消极。但通过果敢力训练，他帮助团队成员学会了如何设定个人目标，并确保这些目标与团队目标的方向一致。最终，这种机制不仅提升了执行效率，也增强了团队成员间的信任和协作。

团队中的冲突与合作

我的一位担任研发总监的学员分享过同样的经历。他的团队负责一项高难度的技术研发工作，但因为团队成员的果敢力水平参差不齐，产生了不少内部冲突。有些成员在项目讨论中总是保持沉默，进入退让状态；有些成员则容易情绪失控，直接否定同事的意见；更复杂的是，还有些成员进入被动攻击状态，表面上同意方案，但却用不合作的行为拖慢了进度。

为了让团队更具凝聚力，他引入了果敢力训练。在训练中，团队成员直接将工作中的情境带入到课堂中，一起在老师的带领下，运用果敢力加以应对。通过学习，团队成员学会了如何用开放的心态与创造性思维解决问题，也逐渐在沟通中找到了共同的目标。最终，这些能力不仅让团队实现了技术突破，也让整个团队形成了更开放、更高效的合作文化。

在应用果敢力处理团队冲突方面，我自己在团队管理的实践中会经常提醒大家："如果冲突只是对相关方造成了伤害，而没有激发创新，就是冲突相关方缺乏果敢力的表现。"通过不断强化这一理念，每个团队成员就能够很好地将冲突转化成创新和成长的机会。

团队中的果敢力匹配

在团队中，果敢力的不匹配会给管理者和团队成员带来诸多挑战，尤其是在沟通与协作的关键时刻。以下是两种典型的情况，以及它们对团队的影响。

一是管理者与员工在果敢力上存在过大差异。一般地，因为工作中需要应对的挑战的难度不同，管理者的果敢力水平都会高于团队成员的。这是在上下级沟通中，很少出现上级先于团队成员脱离果敢状态，进入退让或攻击状态的重要原因。

我的一位高管朋友曾在团队中遇到过这样的难题。他为公司制订了一项新的市场推广计划，这项计划不仅明确了目标客户，还对团队提出了较高的执行要求。他在与团队沟通时因为非常直接而显得"强势"。在计划执行过程中，团队成员对他的做法反应各异。在一次会议上，一位团队成员情绪激动，质疑目标的可行性，甚至直接否定了计划的合理性，这让会议气氛变得紧张。另一位团队成员则选择沉默，表面上听从安排，却没有实际行动。更棘手的是，有些团队成员虽然当面附和，但在执行时不断推迟工作进度，表现出典型的被动攻击行为。

这种情况常常是对管理者与团队成员在果敢力上差距过大的提醒。在这种情况下，一方面管理者需要在自己的果敢状态中，有意识地选择更加温和的言行，用更加适合团队成员风格的沟通方式进行交流，先把当下的问题解决掉；另一方面管理者要有意识地用各种方式训练团队成员的果敢力水平，帮助团队成员在遇到挑战时，能够以更果敢的方式应对。

帮助团队成员不断提升果敢力水平，达到能够以果敢状态应对更大挑战的程度，是管理者的责任，也是团队效能得以不断提升的关键。

二是不同团队成员在果敢力水平上存在过大差异。

一位参加我的课程学习的研发总监曾分享过类似的案例。他的团队正在开发一项新技术。在最初的讨论会上，一名团队成员直截了当地提出了自己的方案，语气中带着不容置疑的态度，而另一名团队成员虽然对方案存有疑虑，却迟迟没有发言。会议结束后，这位没有发言的团队成员在私下表达了自己的担忧，但因为当时没有及时提出，方案已经进入了执行阶段。更复杂的是，还有一位团队成员在执行过程中对方案表现出消极态度，虽然口头上表示支持，却在实际行动中缺乏主动性，导致进度一再拖延。

在遇到这种情况时，管理者也需要做出必要的干预。比如，这位研发总监可以改变讨论方式，在下一次会议中为每位团队成员都留出明确的发言时间，鼓励大家畅所欲言，并且重点帮助那些果敢力水平稍差的团队成员在会议中保持在果敢状态。在此基础上，为了长远的未来，他还需要考虑用不同方式帮助团队成员提升果敢力，让他们的个体果敢力水平保持相对平衡，并不断提升。

3.3 果敢力与组织文化

在一个组织中，文化是无形的推动力，影响着每个成员的行为模式和组织的整体方向。而果敢力正是塑造这种文化的关键因素。它不仅帮助团队成员在沟通中建立信任，更通过明确目标和积极行动让组织在变化中保持方向感和凝聚力。

我的一位高管学员曾在推动团队重组时遇到了很大的阻力。他接手的团队沟通不畅，许多会议流于形式，团队成员往往只是随声附和，重要的分歧从不在会议上表露，而是在背后形成对立。这种局面让团队的效率极其低下，也让他感到无从下手。

经过观察，他意识到问题的核心在于团队缺乏开放与信任的文化，而果敢力或许是解决问题的突破口。他在一次关键会议中主动打破了惯常的沉默氛围："我们今天的目标很简单——解决资源分配的问题。如果有任何顾虑，请直接提出来。隐瞒意见不仅对团队没有帮助，还会阻碍项目推进。"他的坦率态度让团队成员意识到，坦诚沟通不仅是被允许的，更是被鼓励的。

很快，一位团队成员打破沉默，指出某些资源分配的不合理之处，其他成员也纷纷开始表达自己的看法。通过坦率而果敢的对话，团队在一天内解决了过去数周未能解决的问题。这位学员后来总结道："果敢力帮助我们建立了一种新的文化——每个人都能坦率表达，每个声音都会被倾听。"

营造开放与信任的氛围

组织文化的基础在于心理安全感和开放性，而果敢力恰恰是建立这种文化的核心力量。一个团队要想高效协作，首先需要每个成员敢于直面问题，用真实的想法参与讨论，而不是沉默或退缩。

一位担任研发总监的学员在项目启动阶段发现，团队中很多关键意见领袖会习惯性地保持沉默，因为他们害怕在公开场合表达不成熟的想法，所以宁愿选择附和他人，导致讨论流于表面，深层次的问题得不到解决。他通过果敢力改变了这一现状。

在一次讨论会上，他直接对团队成员说："没有不成熟的想法，只有未被表达的想法。我们的目标是让每个人的想法都有机会碰撞出火花，而不是藏在心里成为隐患。"随后，他带头分享了自己对某个技术难点的不确定的想法，主动暴露了自己的弱势所在。这种坦率的表达鼓励了团队成员的参与。

一位工程师提出的观点最终成为解决问题的关键路径，而这位工程师坦言，如果没有果敢力的氛围，他可能永远不会在公开场合表达自己的想法。

这种文化的转变不仅让团队的沟通效率大大提升，也减少了团队成员之间的猜忌和内耗。果敢力让每个人都明白，开放与信任是解决问题的最佳路径，而非隐瞒和退缩。

形成高效与创新的决策文化

决策是组织文化的重要组成部分，反映了团队在分歧中如何找到方向、推动创新并做出高质量的决定。果敢力通过明确目标、坦率表达和对创新的鼓励，帮助团队提升决策效率。

一位在快速消费品行业负责品牌营销的学员曾遇到过这样的困境。在制订年度市场推广计划时，团队因为预算分配的问题争论不休。一部分人坚持将预算集中在传统渠道，另一部分人则主张将预算转向数字化渠道。会议持续了三天，却始终无法形成结论。

在果敢力的推动下，这位学员用一句话扭转了局面："我们的目标是在未来一年增加20%的市场份额，而不是争论谁的渠道更重要。"这句话让所有人都意识到，当前的讨论偏离了目标。他随即要求团队基于这个核心目标提出具体方案，而不是单纯对抗。最终，团队提出了一套渠道整合策略，将预算合理分配到不同渠道，不仅满足了市场需求，还为后续增长奠定了基础。

他后来告诉我："果敢力的真正价值是让团队在分歧中重新聚焦目标，并通过观点的碰撞推动创新。"这一过程让团队成员认识到，果敢力不仅提升了决策效率，还让他们在决策中不断探索新的可能性。

提升组织在变化中的适应力

外部环境的不确定性对组织文化提出了更高要求。在复杂情境中，组织需要快速应对变化，而果敢力则通过明确方向和快速行动，帮助团队在变化中保持韧性。

　　一家互联网公司的运营总监曾在市场突变时深刻体会到这一点。当时，竞争对手推出了一款与公司核心产品相类似的产品，公司内部因此陷入了巨大的焦虑。销售部门抱怨市场环境恶化，研发部门则指责销售部门未能准确预判趋势。整个团队被负面情绪笼罩，迟迟无法找到应对之道。

　　这位运营总监通过果敢力重新聚焦团队的注意力。他在一次会议中直言："我们的目标很清晰，就是用最短的时间找到差异化优势。销售部门和研发部门都需要提出具体的行动计划，而不是只讨论问题。"他将目标分解成三个小目标，并要求团队在两天内提交解决方案。最终，销售部门重新调整了客户沟通策略，研发部门则通过优化功能快速推出了核心产品的升级版本。两个月后，这款产品成功占领了新市场，公司也迅速扭转了局势。

　　从这次经历中可以看到，果敢力不仅帮助团队找到方向，也让团队学会在复杂环境中用明确目标和果断行动取代焦虑和抱怨。这种以适应力为核心的文化让组织始终能够从变化中寻找机会。

　　果敢力在组织文化中的核心作用体现在三个层面：它通过直接表达和开放沟通，打造信任的文化基础；通过聚焦目标和观点碰撞，形成高效与创新的决策文化；通过在变化中的快速反应和韧性塑造，让团队在不确定性中依然保持凝聚力和方向感。果敢力让组织在任何挑战中都能以更高效、更协作的方式迈向成功。

第4章　果敢力在生活中的体现

4.1　改善家庭关系

家庭是人与人之间最亲密的连接，同时也是矛盾与冲突最容易滋生的地方。果敢力的核心——目标明确、积极主动、想方设法，这些特质让人能够直面挑战，并在应对挑战中达到"不尽全力不罢休"的境界。它不仅适用于职场，还能帮助我们在家庭关系中化解冲突、增强信任，并达到彼此间更深层次的理解。

我的一位学员曾经分享过她在家庭中的困惑。她是一家知名企业的高管，工作中果断而高效，但回到家中，她却常常陷入与母亲的矛盾中。母亲认为她对家庭投入不够，而她觉得母亲不理解自己工作上的压力。两人每次沟通都以争吵而告终，母女关系越来越紧张。

一次课程后，她尝试用果敢力重新审视与母亲的关系。她发现自己和母亲在沟通中的目标并不一致——她希望得到母亲的支持，而母亲则渴望她多关注家庭。目标的不一致是矛盾的根源。她决定坦率地与母亲沟通，把自己的真实想法表达出来。一次晚饭后，她主动提议聊聊自己工作与生活的平衡问题："妈妈，我知道你希望我能多陪伴家人，但我的工作有时让我难以做到。我想和你一起找到一种方式，让我既能完成工作，也能多关心家人。"

她发现，仅仅是这样的一种表达方式，就能破解原来与母亲的对话模式。这次对话让母亲第一次真正了解了她的压力，而她也意识到，母亲的担忧其实是出于对她的关心。最终，她们一起约定了一个新的相处方式：她每周抽出两个晚上专门陪母亲，而母亲也承诺在工作日给予她更多的支持和理解。这种果敢的沟通不仅化解了矛盾，也让两人的关系更加亲密。

提升沟通有效性

家庭关系中最常见的问题是沟通的模糊和情绪化。果敢力的应用可以帮助我们明确沟通的目标，避免因为隐瞒或逃避而导致问题累积。一次清晰的沟通往往胜过多次含糊其词的对话。

一位担任部门经理的学员分享过他与妻子之间的故事。他的妻子对家里的财务分配不是很满意，但每次提到这个话题时，妻子总是话里带刺，让他感到被指责。起初，他选择逃避，不想让争吵影响家庭氛围。直到某次，他意识到这种方式无法解决问题，反而让彼此的情绪积压。

他决定用果敢力主动应对，并提醒自己，无论对话中出现什么挑战，都要让自己保持在果敢状态。他告诉妻子："我能感受到你对家里财务分配的不满，但我也希望我们能用一种更有建设性的方式讨论这个问题。我们可以一起坐下来，明确各自的期望，然后看看有没有可以调整的地方。"在这个坦率的提议下，他们第一次真正坐下来列出了各自的需求，并重新规划了家庭的开支。这不仅让妻子感到被尊重，也让他第一次觉得，家庭的责任可以通过合作来共同承担。

用目标管理情绪

在家庭关系中，情绪的失控往往是矛盾升级的导火索。果敢力强调以目标为导向的沟通，帮助我们在情绪中找到理性的出口。尽管情绪管理有很多方法，但明确目标可能是最有效的策略之一。很多时候，当我们受情绪左右时，只要问一下自己"我到底想要什么"并回答它，我们的情绪常常就能得到有效的管理。

一位学员分享过这样的案例。她与丈夫经常因为琐事争吵，比如家务分工或休假安排，每次争吵都会因为情绪激动而升级，最终彼此都感到疲惫和沮丧。在一次争吵中，她突然停下来问了一句："我们争吵的目标到底是什么呢？"这句话让双方都冷静了下来。丈夫意识到，他只是希望通过家务分工表达对家庭的关心，而妻子的诉求是让丈夫理解她的工作负担。这次讨论最终让他们找到了一种更加平衡的分工方式，也让他们学会了如何通过明确目标来化解情绪。

我的另一位学员在与青春期的孩子相处时也遇到了类似的难题。孩子因为想要购买昂贵的电子设备而和她争执不休，然而每次沟通都会演变成情绪化的对抗。后来，她在一次争执中冷静地问孩子："你买这件东西的目的是什么？"孩子回答："我希望有自己的空间。"她接着说："那我们可以一起想办法，让你有自己的空间，而不仅仅是通过买东西。"这次对话让孩子感到被理解，而他们的关系也从对立转向了合作。

果敢力在家庭关系中的应用，让沟通变得更加透明、直接，同时减少了情绪化的干扰。通过目标明确、积极主动和想方设法，家庭成员之间能够建立更深的信任和更强的联结。无论是化解代际矛盾，还是处理夫妻间的分歧，果敢力都能为家庭关系带来建设性的改变。

4.2 拓展社交与管理生活中的冲突

在我们的生活中，社交和冲突无处不在。无论是与朋友的相处、邻里的互动，还是面对误会和矛盾时的应对方式，果敢力都能够帮助我们清晰表达、理性沟通，并主动寻求解决之道。它不仅让我们在复杂的人际关系中更从容，也让我们与他人的联结更加真实和有深度。

提升社交效能

在日常社交中，许多人或多或少都会面临一些困难，比如不知如何主动融入新的圈子、与陌生人建立联系，或者在表达自己时犹豫不决。在面对这些困难时，果敢力能够帮助我们明确自己的目标，并积极行动，让社交变得更自然、更高效。

我的一个学员曾经分享过她的经历。她刚搬到一个新城市，为了让孩子能尽快融入学校的社区活动，她决定参加当地的家长志愿者小组。初次参加会议时，她发现大家都已经彼此熟悉，自己完全插不上话。尽管内心感到有些局促，她还是想起了果敢力训练中所学到的原则——明确目标和积极主动。她对自己说："我的目标是让孩子有更多的朋友，这需要我先融入社区。"

于是，她主动找机会向邻座的家长打招呼，询问活动安排，并提出自己愿意帮忙的想法。通过这次主动接触，她不仅被分配了一些具体任务，还在短时间内结识了几位志同道合的家长。这种积极主动的社交方式，让她迅速融入了新的生活圈。

她后来感慨道："如果我当时选择沉默，可能还是那个被忽略的人。果敢力让我有勇气迈出了第一步，也让我感受到了被接纳的喜悦。"

处理邻里冲突

在生活中，不可避免地会出现一些矛盾，比如邻里之间的误会、朋友之间的分歧，甚至在公共场合因意见不同而产生的争执。果敢力能够帮助我们在这些冲突中，既不逃避，也不被情绪左右，而是以清晰的目标和积极的态度推动问题的解决。

我的一位朋友曾与邻居因停车问题发生过矛盾。事情的起因是邻居长期将车停在他家门口，导致他日常出入极为不便。他尝试过通过短信与对方沟通，但对方并没有改正。这让他一度非常愤怒，甚至想要直接采取激烈的方式回应。然而，他最终还是决定用果敢的方式来处理这个问题。

首先，他明确了自己的目标——并不是要与邻居争吵或破坏关系，而是希望对方理解自己的处境并调整行为。然后，他主动敲开邻居的门，平静地说明了问题，并表达了自己的困扰。他还提出了一个折中方案："我可以调整家里的停车时间，但希望您也能稍作调整，让彼此的生活都方便一些。"邻居听后表示理解，并愿意配合。

最终，这场看似无法调和的矛盾得到了友好的解决。更重要的是，他们之间建立了信任关系，甚至后来成了能够彼此帮忙的好邻居。

修复关系

在人际关系中，冲突并非总是坏事。果敢力不仅能够帮助我们化解冲突，还能够在关系紧张时主动修复关系，重新建立联结。这种修复关系的能力，往往源于明确的目标和真诚的行动。

一位学员曾经在"果敢力"课堂上分享自己的经历。她说因一次误会，与多年的好友疏远了。在那次争执中，她因情绪失控说了许多过激的话，虽然她事后感到后悔，但又觉得对方也有责任，一直没有主动道歉。结果，这段友谊停滞了很长一段时间。

通过学习果敢力，她意识到自己真正的目标并不是为了"赢"，而是珍惜这段多年积累下来的友谊。于是，她主动联系了那位朋友，并坦诚地说道："上次的事情很抱歉，我情绪失控伤害了你。其实这段友谊对我来说非常重要，希望我们能够重新开始。"对方听后也表示自己当时同样有情绪问题，两人最终冰释前嫌，恢复了以往的亲密关系。

这件事让她意识到，果敢力的真正价值在于让我们为了目标而敢于面对错误，主动采取行动，从而在关系中实现更加深刻的联结。

无论是在日常社交中，还是在应对冲突和修复关系时，果敢力都是一种至关重要的能力。它让我们能够明确自己的目标，主动表达，并通过灵活的思考找到解决问题的办法。在复杂的人际关系中，果敢力不仅帮助我们提升了沟通的效率，更让我们在每次互动中收获理解和信任。

当你下次面对社交的尴尬或冲突的挑战时，不妨问问自己："我真正想要的是什么？"明确目标，迈出第一步，你会发现果敢力的力量远远超乎你的想象。

4.3 用果敢力育儿与培育孩子的果敢力

育儿是一项充满挑战的旅程，不仅考验父母的耐心与智慧，也需要他们在复杂情境中做出明确且果断的决定。果敢力作为一种核心能力，不仅能够帮助父母更好地应对育儿中的各种问题，还可以通过言传身教，培养孩子目标明确、积极主动和解决问题的能力，让他们在成长中更加自信和独立。

先分享一个我印象很深刻的、与果敢力有关的育儿故事。一位家长在辅导孩子作业时，有一道题讲了三遍，孩子还没有理解。家长很生气，对孩子说："我都讲了三遍了，你怎么还弄不懂，你到底有没有在听我讲？"孩子倒是很平静地看着家长，反问道："您是讲了三遍，但您的三次讲解并没有使用任何不同的讲法，只是同样的讲解重复了三次。您有没有想过改进辅导方法？"

这个育儿故事在体现孩子果敢的同时，提示那位家长要变得更加果敢一些，尤其是在"化冲突为创新"这一点上。要知道，在育儿中遇到的每个冲突，其实都提示着家长在育儿方法上要进行创新，做出改进，将育儿中的"冲突"转化为自己育儿方法上的"创新"。

化解理念冲突

在育儿过程中，成人间的理念冲突是最常见的难题之一。这种冲突不仅可能发生在父母与长辈之间，也可能发生在夫妻之间。例如，新晋父母往往倾向于按照科学育儿的书籍来照顾孩子，而长辈们则更相信自己的育儿经验。与此同时，夫妻之间可能也存在育儿理念的分歧：父亲或许倾向于让孩子自由成长，而母亲则可能倾向于为孩子制定详细的成长规划。

果敢力在这种情况下显得尤为重要。一位参加我课程的年轻母亲分享了她的故事。她和丈夫在孩子的教育方式上意见不一，她希望孩子多学知识、参加各种兴趣班，而丈夫则认为孩子需要更多的自由和玩耍的时间。两人多次争执，但都没有达成共识，甚至引发了家庭矛盾。

在课程中，她学到了果敢力的方法，尝试从共同的育儿目标入手。在一次家庭讨论中，她提出了一个问题："我们想让孩子将来成为什么样的人？"这个问题帮助他们找到了共识——希望孩子有能力、有自信，也有快乐的童年。在这一目标的指引下，他们开始重新评估各自的育儿理念，并通过协商达成了共识：她为孩子保留一部分兴趣班的时间，而丈夫负责保证孩子每天有足够的自由玩耍时间。

她说："果敢力让我学会了如何在理念冲突中找到共识。它让我明白，化解冲突不是为了'赢'，而是为了找到大家都认可的方向。"

帮助孩子建立学习与人生目标的关联

目标明确是果敢力的起点。在育儿中，这意味着父母需要帮助孩子通过思考人生目标，建立当前学习与未来目标之间的关联，从而找到学习的动力。一位参加我课程的学员分享了她的经验。她的孩子在初中时对学校的学习安排很抗拒，尤其对某些科目提不起兴趣，经常抱怨："学这些到底有什么用？"

她意识到，这并不是孩子懒惰，而是他没有将学习与自己的目标建立关联。她决定通过果敢力的原则帮助孩子重新思考。在一次家庭讨论中，她没有直接告诉孩子学习的重要性，而是引导他思考未来的人生方向。她问道："你觉得十年后你会成为什么样的人？你想从事什么样的工作，过什么样的生活？"通过这些问题，孩子开始思考自己的大目标。

随后，她进一步引导孩子将大目标分解为小目标："如果你想要实现未来的目标，现在需要哪些能力和知识？在这些能力和知识中，哪些是学校课程可以提供的？"当孩子表示希望将来从事科学研究工作时，他们一起分析了科学研究所需的基础能力——逻辑思维、表达能力、数据分析能力等，并把这些能力与数学、语文等课程建立了联系。

同时，她强调了实现目标的渐进性："你想成为科学家，这是一个很大的目标，对吗？那实现这个目标需要哪些小目标？比如，这学期的科学成绩达到一个什么水平，今天的作业能否更专注地完成？"通过把宏大的目标分解为小目标，孩子逐渐意识到，当下每门课程的学习都是在为未来目标铺路。

为了进一步强化目标感，她还与孩子一起为每门学科设立具体的小目标，并通过可视化的方式让目标更加清晰。例如，他们为数学课程设定了"本月掌握三角函数的基本应用"的目标，为语文课程设定了"完成一篇清晰表达个人观点的文章"的目标。这些目标既切合孩子当前的学业，又能逐步构建他实现大目标所需的能力。

同时，她还帮助孩子将目标落实到日常行动中。例如，在每天的学习结束后，邀请孩子一起反思："今天的学习目标完成得怎么样？有哪些地方做得不错？还有哪些地方可以改进？"这些开放式的问题，让孩子学会用目标感引导自己的行动，而不是随意应对学业任务。

她总结道："果敢力让我明白，目标不仅是对未来的期许，更是孩子行动的导航。通过帮助孩子将人生大目标分解为学习小目标，我看到他在学习上逐渐变得更加专注和积极。"

培养孩子的果敢力

前面的内容其实已经体现了父母在培养孩子的果敢力。的确，果敢力不仅应该成为父母的能力，也可以并应该成为孩子的能力。设想一下，如果孩子在学习中能够始终保持果敢状态，知道自己的学习目标，在态度上积极主动，在方法上持续改进，对于学习中的任何一门学科，任何一次上课、一项作业或一场练习，都能够让自己达到"不尽全力不罢休"的境界，那是多么好的学习状态！

当然，除了学习，孩子还可以把果敢力用到与老师、同学和家长的互动上，让自己在更多情境中都能够做到目标明确、积极主动和想方设法，而且敢于应对学习和生活中遇到的任何挑战，并在应对这些挑战时，让自己以果敢的状态全力应对。这样的习惯，显然也能够让孩子的生活和社交能力不断提升。

当然，只有果敢的家长，才有可能培养出果敢的孩子。家长应该成为孩子践行果敢力的榜样。

我的一位学员在完成果敢力的学习后，就尝试将它应用到育儿中。他努力利用孩子在学习和生活中的很多情境，帮助女儿提升果敢力。有一次，他的女儿在准备学校组织的演讲比赛期间感到非常紧张，几乎想要放弃。他首先帮助女儿明确演讲的目标和意义，告诉女儿参加演讲比赛并不只是为了完美表现，同时也是为了锻炼自己的表达能力。然后他和女儿一起制订了详细的练习计划，从写稿到在家中模拟，再到邀请家人朋友作为听众。过程中，他还鼓励女儿在每次练习中主动反思，并想方设法克服不足。

最终，女儿成功完成了演讲。尽管有些地方并不完美，但她克服了自己的恐惧，学会了如何直面压力，并对自己在演讲方面的能力有了全面的了解，为未来自己在这方面的进一步提升打下了坚实的基础。这次经历不仅让她在演讲中获益，也为她在未来面对其他挑战提供了信心。

为孩子营造善意的学习环境

果敢力倡导面对挑战时做到"不尽全力不罢休"，这非常有利于我们为自己的成长建立一个善意的学习环境。关于善意的学习环境，我在很多地方都会提到它，因为它对我们提升软实力极为重要。在育儿中，父母通过创造善意的学习环境，可以有效帮助孩子既从成功中，也从失败和挫折中汲取成长的养分。

在孩子的成长过程中，父母首先应该为其提供及时准确的反馈，而不是简单的评价。父母在提供正面反馈时，不应仅仅停留在笼统的表扬上，而应通过具体的描述，让孩子了解成功背后的努力和方法，进而从中总结经验，形成可持续的动力。

一位父亲曾分享他如何表扬孩子克服困难完成任务的经历。他的女儿第一次独立完成了一幅复杂的拼图，父亲没有简单地说"你真聪明"，而是观察到她在拼图过程中尝试了不同的方法，于是他说："我看到你刚开始拼的时候有点困难，但你没有放弃，而是试着调整顺序，先拼边框，最后才完成整个拼图。这种认真思考和坚持的态度让我感到很骄傲。"这样的反馈不仅让孩子感受到成就感，还能从中感受到方法和态度是成功的关键。

为孩子创造善意的学习环境也包括在面对失败和挫折时向孩子提供及时准确的反馈。同前面提到的给予表扬一样，父母要为孩子的成长提供认知营养，而不是对孩子做出"你太懒了"或"你没有上进心"等负面评价。在发现孩子不够勤奋时，要通过提出这样的问题"我观察到你每天的学习时间是半小时,如果非常努力是10分的话,你给自己打多少分呢?"来帮助孩子了解自己的努力程度,获得对自己努力程度的反馈。有时候,家长在看到孩子固守一种学习方法,不再对其进行改进时,也可以用类似的做法,与孩子讨论如何将果敢力的"想方设法"用于学习方法的改进。

一位母亲分享了她和儿子在面对挫折时共同努力的经历。儿子在一次数学竞赛中因粗心失误未能获奖,感到非常沮丧,甚至不愿再参加类似活动。母亲没有批评或简单安慰他,而是和他一起回顾比赛过程。她问:"你对这次比赛的准备怎么看?哪些地方做得很好?哪些地方可以改进?"通过这样的讨论,孩子逐渐从沮丧情绪中抽离,转而专注于如何改进自身能力。他们一起制定了改进策略,并为下一次比赛做了更充分的准备。

这位母亲说:"我学会了不把失败当作终点,而是当作反馈和成长的契机。果敢力教会我,父母的支持和引导可以为孩子创造一个善意的学习环境,让他们在挫折中找到成长的力量。"

成功和失败所带来的正面和负面反馈,实际上是帮助孩子形成对自己能力和学习方法的准确认知。善意的学习环境的意义在于,它让孩子从每一次经历中看清自己的现状,进而通过努力和改进不断成长。这不仅是一种能力培养,更是一种对生活态度的塑造。

将果敢力应用在育儿中,可以为孩子的成长创造善意的学习环境,帮助孩子获得成长。作为父母,我们也可以在这个过程中学会如何更好地引导孩子,并收获自己的成长。

第5章　果敢力的培养与实践

5.1　建立果敢力的心理基础

真正的果敢力，不仅是外在行为的体现，更是深植于内心的一种力量。通过清晰的自我认知、情绪管理以及挑战非理性信念，我们能够为果敢力的发挥奠定坚实的心理基础。

自我认知：明确方向与长期价值

一位在金融机构担任高级分析师的学员，曾分享过他职业发展中的一次重要转折。尽管他在分析和执行方面表现出色，却始终感到自己没有明确的方向感，在工作中更多是被动完成任务而非主动追求目标。他在果敢力训练的目标设定环节中，第一次深入反思了自己的核心价值观和长期目标。他发现，自己真正追求的并不是简单的岗位晋升，而是通过数据分析为客户提供实质性的商业价值。

自从明确了这一点，他在日常工作中开始主动选择能够提升战略视野的项目，并借此建立了更广泛的跨部门合作网络。几个月后，他不仅获得了更大的职业成就感，还成功争取到了一次跨部门调任的机会，为自己的职业发展打开了新的空间。

自我认知是果敢力的根基。明确核心需求、价值观和长期目标，能够帮助我们在复杂情境中找到方向感，从而更坚定地面对每一个挑战。果敢力的本质，正是从这种清晰的内在认知中生发出的坚定与行动力。

目标和目标感：情绪管理的利器

一位在科技公司担任团队领导的学员，曾在一次部门会议上陷入情绪失控的局面。团队因为资源分配的冲突争执不下，他也因对任务拖延的不满而情绪激动，甚至直接指责了一位核心成员。直到会议结束后，他才意识到自己的反应让团队士气受到了极大影响，并且让问题变得更加复杂。

在后续的一次类似情境中，他尝试了一种新的处理方式。当团队再度陷入激烈争论时，他停下讨论，用一分钟的时间问自己："我现在真正想要的是什么？"答案是找到所有人都能接受的解决方案。于是，他调整了自己的语气和态度，将讨论焦点重新拉回到目标本身。通过这种方法，他不仅平复了自己的情绪，还带领团队达成了一致意见。

情绪管理是果敢力的另一个重要基石。通过快速明确当前的核心目标（如"我真正想要的是什么"），以及常规情绪调节方法（如深呼吸、正念练习），我们可以在复杂的情境中恢复冷静，避免情绪干扰行动的效率和方向。

挑战非理性信念：突破心理障碍

我曾经辅导过一位负责市场拓展的经理，他总觉得自己必须在每次谈判中表现完美才能被客户和公司认可。在一次与关键客户的谈判中，他因害怕出错，过度关注细节而忽视了核心议题，导致最终未能达成协议。那次挫败让他深刻意识到，自己的"完美主义"信念不仅没有起到促进作用，反而成了发展的阻力。

在后续的辅导中，我们一起识别了他的这一非理性信念，并尝试用理性分析来挑战它：客户更在意的是解决问题的能力，而非完美无缺的表现。他逐渐改变了自己的心态，在后续谈判中更加注重实质性的成果，而非拘泥于形式上的完美。

非理性信念是果敢力在实践中的主要障碍。常见的非理性信念包括以下几种。

- 灾难性想象：夸大最坏的结果，导致行动受限。

● 完美主义：害怕挫折或错误，因而拖延行动。

● 过度追求他人喜欢：以取悦他人为目标，忽略自身需求。

● 对他人或世界的高要求：对外界抱有苛刻期待，导致频繁的挫败感。

● 对不确定性的低容忍：难以接受模糊或变化，排斥风险和创新。

挑战非理性信念需要两步：一是识别；二是通过理性分析和实践策略逐步突破。例如，针对"灾难性想象"，可以通过列出真实可能的结果的方式，减轻对最坏结果的过度担忧；针对"完美主义"，则可以通过调整期望标准的方式，尝试接受"不完美但有效"的解决方案。每次对信念的挑战，都是心理能力的一次进步，也为果敢力的成长打下坚实的基础。

更多关于挑战非理性信念的内容，可参见我关于果敢力的第一本书《果敢力：始终做自己的艺术》。

从明确的自我认知，到快速恢复冷静的情绪管理，再到对非理性信念的挑战，这些心理能力的提升，不仅让我们在面对挑战时更有信心，也让我们的人生路径更加清晰和有力。通过构建这一心理基础，我们得以更果敢地面对未来的每一步。

5.2　在日常工作和生活中训练果敢力

果敢力是一种可以在日常工作和生活中不断打磨的能力。通过设立小目标、深刻反思、模拟情境、获取反馈、记录日志，以及从他人经验中学习，我们可以逐步让果敢力融入自己的思维和行动模式。在应对每一个挑战时，不仅要达到"不尽全力不罢休"的状态，更能将其作为能力边界的测试，收获真实反馈，为持续成长奠定基础。

小目标实践：通过每日目标培养果敢力

我的一位学员在一家国际制造企业担任生产总监。他每天早晨为自己设立一个清晰的小目标，同时列出关键步骤。他特别关注目标实现过程中的

"目标感"，即是否将所有言行和资源集中服务于目标的达成。

有一次，他的目标是优化生产线的质量检测流程。问题的复杂性在于，这涉及多个部门的协作和设备的升级。他设定了三项关键任务：（1）分析现有流程的瓶颈问题；（2）与设备供应商探讨改进的可能性；（3）组织跨部门会议，协调改进措施。在实际推进中，他遇到了供应商报价过高的问题。为了应对这一挑战，他迅速调整策略，与多个供应商同时对接，并提出分阶段升级方案，最终既控制了成本，又实现了检测效率的提升。

这次经历让他意识到，小目标的价值不仅在于完成任务，更在于将每次目标达成的过程转变成一场能力应用的实践。他总结道："只有让自己做到不尽全力不罢休，我才能真正认识并突破自己的能力边界。"

如果您想尝试这样的实践，可以每天设立一个明确的小目标，比如完成一项复杂任务、优化某个工作流程，或者解决一个长期搁置的问题。在执行过程中记录自己采取的行动，并用以下问题检视：

- 我是否始终保持对目标的清晰认知？
- 我的每一步行动是否在为目标服务？
- 在遇到问题时，我是否尝试了不同的方法来解决问题？

通过这些逐步推进的练习，不仅可以锻炼目标感，也能帮助我们在应对挑战中拓展能力边界。

每日反思：从经验中学习

一位在科技公司担任运营总监的学员，每天晚上都会花十分钟记录当天的表现。她特别关注自己在以下三个方面的表现：今天是否遇到了挑战；我是否达到了"不尽全力不罢休"的状态；是否有情境让我过早进入了"退让"或"攻击"的状态。

有一天，她在反思中回忆起当天的一次客户会议。面对客户的强硬态度，她本想坚持团队的方案，但因担心客户的不满，便在中途选择了妥协。她记录道："我并没有真正尝试所有可能的办法，只是为了避免冲突而放弃了原本的目标。"

为了改进之前的不足，她设计了一份后续计划：每次会议前进行更充分的准备，包括预测客户可能的反对意见，并制定多种应对方案。在接下来的谈判中，她用明确的目标感和充份的准备赢得了客户的信任。

反思，是果敢力成长的重要环节。通过总结当天的表现，我们可以发现行动中的盲点，并制订改进计划。以下是一些可操作的反思问题：

●今天遇到的最大挑战是什么？我是否达到了"不尽全力不罢休"的状态？

●哪些情境让我表现出果敢力的核心特质，哪些没有？

●如果表现不足，我可以如何调整自己的目标、行动或策略？

这种反思不仅帮助我们认识到自身能力的局限，也能逐步引导我们用果敢的方式突破边界。

为可预见的挑战进行场景模拟

模拟训练，是应对复杂挑战的强大工具。在一次"果敢力"课程中，一位负责大客户项目的经理分享了他的训练方法：在每次重要谈判前，他都会邀请团队成员模拟客户可能的反应，尤其是那些最难处理的情境，比如客户突然对预算提出强烈反对。

在一次投标项目中，他提前设想了最糟的可能性，包括对方态度强硬、不耐烦，甚至临时改变需求。他与团队反复演练如何应对，并提出了三种应对策略：一是用详细数据支持方案；二是提出分阶段合作的灵活选项；三是在谈判中重新引导对方的关注点。在实际谈判中，客户果然对预算表示不满，但由于在模拟中已经多次练习类似情境，所以他能够从容应对，并灵活调整应对方案，最终赢得了客户的信任。

如果您也想通过场景模拟训练果敢力，可以尝试以下步骤：

（1）列出即将面对的重要事件或挑战，以及可能出现的最糟情况；

（2）邀请同事或朋友扮演"麻烦人物"，模拟对方的反应；

（3）在演练中记录自己的表现，重点检视在目标明确、积极主动和想方设法方面的表现。

场景模拟训练不仅是一种应急准备，更是对果敢力在真实情境中的测试。通过这样的训练，我们可以在压力下依旧保持清晰和从容的状态。

借助反馈强化果敢力

一位项目经理在完成跨部门协调后，主动邀请团队成员提供反馈。他特别询问："我的沟通是否足够清晰？我的行为是否帮助团队达成了目标？"

团队的反馈让他发现，虽然他的行动大多是有效的，但在跨部门讨论时，他的表达方式过于理性，忽略了情感的传递。于是，在后续的任务中，他开始尝试用更温和的语气表达要求，同时更加关注对方的情绪反馈。

反馈是果敢力成长的重要来源之一。通过主动获取外部反馈，我们可以发现隐藏的盲点，并进一步优化自己的行动方式。以下是一些适合实践的问题：

- 我的行动是否达到了果敢力的标准？
- 我是否在行动中保持了清晰的目标感？
- 在处理复杂情境时，有哪些地方可以改进？

反馈不仅是一种改进的工具，更是让我们在复杂情境中收获真实能力反馈的关键。

记录"果敢日志"

一位创业者每天都会记录自己在关键情境中的表现。他特别关注以下几点：

- 今天是否达到了"不尽全力不罢休"的状态？
- 是否尝试了多种方法来解决问题？
- 哪些行动需要调整？

通过记录，他发现自己在高压情境中容易过早放弃部分目标。意识到这一点后，他开始刻意在关键任务中保持更强的目标感，并设计备用方案，以确保自己尝试了所有可能的方法。

果敢日志是观察和调整自己行为的有效工具。通过记录和回顾，我们可以更准确地认清自己的能力边界，并找到突破的方向。

果敢力的训练，是通过小目标实践、深度反思、情境模拟、反馈和日志记录等多种方式逐步完成的。在每个挑战中，通过做到目标明确、积极主动和想方设法，努力达到"不尽全力不罢休"的状态，我们不仅能更有效地达成目标，还能将每次经历转化为能力测试的机会，为未来的成长奠定基础。

5.3　在挫折中锤炼果敢力

挫折是人生不可避免的一部分，但它并非失败的代名词，而是成长的催化剂。果敢力帮助我们在面对挫折时，通过目标明确、积极主动和想方设法，将其转化为自我觉察的契机，塑造更强的心理韧性。以下是果敢力在挫折中的两大关键作用。

从挫折中获取真实反馈

一位担任销售总监的学员曾在一次年度项目竞标中遇到了重大的挫折。她带领团队做了数月的准备，精心打磨的竞标方案涵盖了技术、财务和运营等方面的全面设计。她以为团队的方案无懈可击，但最终却输给了竞争对手。

在最初的情绪波动后，她召集团队共同反思竞标的全过程。通过客户的反馈和竞争对手的优势分析，她发现自己的方案虽然全面，但未能抓住客户最关注的核心痛点，技术细节上的冗长也让评委们失去了耐心。

这次挫折让她意识到真实反馈的重要性。她说："如果我们没有失去这个项目，我们可能永远不会知道我们的表达方式有多大的改进空间。这次挫折成了我们找到真实能力边界的机会。"

从挫折中获取真实反馈是培养果敢力的关键。它帮助我们认清自己的不足，并用事实（而非情绪）驱动改进。通过这种内归因，我们能更准确地定位成长的方向。

将挫折转化为成长的契机

一位在科技公司负责研发的经理，分享了他的团队在开发新产品时的艰难历程。这个项目因技术瓶颈进展缓慢，最终被迫终止。面对这样的挫折，他没有让团队陷入消极情绪，而是引导大家回顾整个开发流程。

在分析中，他们发现问题不仅是技术瓶颈，还包括沟通上的断层和资源调配的不足。他带领团队对整个流程进行了重新梳理，提出了多项改进建议，包括更频繁的跨部门协作、更合理的资源分配，以及在未来开发中采用更敏捷的方法。团队成员表示，尽管项目未能完成，但这些改进会促使他们在下一阶段的研发中更加自信。

将挫折转化为成长的契机，关键在于将问题转化为可操作的改进措施。这种方式不仅帮助我们从挫折中学到宝贵经验，还让我们在未来的类似情境中更加从容和高效。

果敢力让我们在挫折中学会接纳真实的反馈，将挫折转化为成长的契机，并通过锤炼复原力，让我们在面对下次挑战时更加从容和强大。每一次挫折都可以成为验证我们能力边界的机会，关键在于我们是否用果敢力的态度迎难而上，达到"不尽全力不罢休"的状态，从而为自己的成长创造一个善意的学习环境。

5.4 运用挫折锤炼复原力/韧性

没有强大复原力的支撑就谈不上真正的果敢。

复原力的价值

复原力的英文是Resilience，在中文中也可以说成是韧性。它被认为是在困境中胜出的核心能力之一。

几年前我拜访过一位客户，她告诉我说："我平时很少见供应商，但这次是个例外。"我问她为什么，她说："大多数供应商在被我拒绝几次后，只会简单地重复原来的做法，而且每次重复时，我都能感受到对方的不情愿，或者只是为了完成约访指标。坦率地讲，对于这样的约访，我肯定是不会同意的。但你的这位销售同事跟别人不一样，他坚持高质量地联系我，而且想方设法说服我见你一面。是他的坚毅感染了我，所以才有我们的见面。"

我一边感叹同事的不易，一边为他点赞。

这个例子说明，良好的复原力是拥有出色果敢力的重要条件。

以"向领导争取资源"的情境为例。假设员工想向上级申请资源有两个选择：主动争取和不争取。而对于员工的两个选择，上级有两个反应：同意和不同意。这样就形成了如图5-1所示的果敢力博弈树。

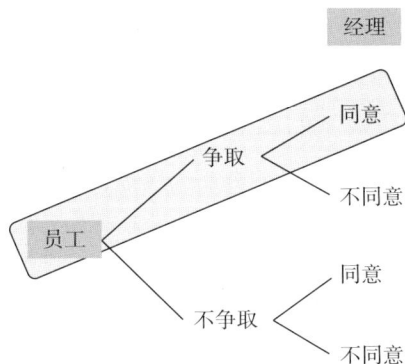

图 5-1 果敢力博弈树

在这个博弈中，最考验员工果敢力的是"员工争取—经理不同意"的情境。

很简单，对于这一情境，员工的应对也可以分成两种：积极的和消极的。这样就形成了如图5-2所示的复原力博弈树。

显然，只有在员工选择"积极"时，他才可能表现出复原力，并为未来更有可能达成目标奠定基础。

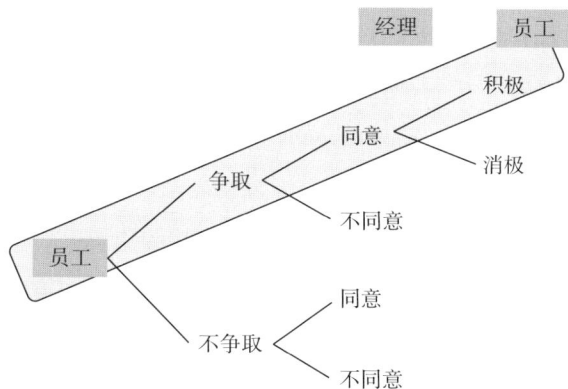

图 5-2 复原力博弈树

如果员工选择的"积极"只是态度上的，做法只是上次的重复，那么所体现出来的就不是真正的复原力。

真正的复原力是一个人面对困难和挑战时能够迅速恢复、调整并继续前行的能力。它不仅仅是对抗压力的力量，更是能够在经历挫折和失败后，从容应对并取得新的成功的力量。

复原力三要素

复原力并非简单的"恢复原状"，它需要通过能量恢复、目标重建和方法改进三个层面的综合作用才能发挥其最大的效能。

复原力的第一步是能量的恢复。在面对任何形式的挑战时，无论是职场上的压力，还是个人生活中的困境，我们都会感受到情绪上的波动和能量的消耗。如果没有及时恢复这种能量，我们很容易陷入负面情绪的循环中，导致无法高效应对后续的问题。举个例子，假设一名员工在和经理沟通时遭到了拒绝，他可能会感到愤怒、失望，甚至丧失信心。这时，他的能量状态就会急剧下降，使自己陷入情绪的低谷。如果员工不进行有效的能量恢复，那么他可能会选择以消极的态度继续面对工作，甚至避免与经理的下一次沟通。

能量恢复并不是一蹴而就的，它需要通过休息、反思、目标重建、调整心态等方式来实现。例如，有的员工通过运动来释放压力，有的员工通过和朋友交流来排解负面情绪，还有的员工则通过冥想、休假等方式来放松和恢复能量。在所有的方法中，目标重建是助力能量恢复的最重要的方法之一，我们越早在恢复能量的过程中加入对目标的思考，能量就恢复得越快。"我到底想要什么？接下来的目标是什么？"思考这样的问题会帮助我们更快脱离负面情绪，恢复冷静和理性。此外，在恢复能量的过程中，我们也需要学会重新审视自己的情绪和心理状态，识别出负面情绪的来源，进而找到合适的方式去处理它们。

复原力的第二步是目标重建。目标重建可以而且最好发生在能量恢复的过程中，这种做法能够大幅提升能量恢复的效率。很多人在经历挫折后，容易产生失去方向的感觉，这时候目标的重建尤为重要。目标并不是一成不变的，它是随着时间、环境、心态的变化而不断调整的。在复原力的框架下，目标的重建不仅仅是恢复原有的目标，而是基于当前的情境对目标进行合理的调整和创新。

例如，在职场上，员工在遭到拒绝后，往往会对自己的目标产生怀疑。如果只是简单地恢复到之前的目标，他可能会继续陷入同样的困境。真正的目标重建应当基于对当前情境的深刻理解，并根据这些理解做出调整。继续上文员工与经理沟通的例子。假设第一次沟通的目标是争取一个升职机会，但由于沟通方式不当或者时机不对，员工并没有成功。此时，员工需要通过对目标的重新审视，明确自己的核心需求。比如，到底是希望升职，还是希望通过某些具体的项目提升个人能力？如果仍想坚守最初的目标，接下来应该做些什么，才更有可能接近它？通过对目标的重建，员工就可以深入了解自己最深最真的诉求。新的目标既可以加强对原来目标的确认，也可以有新的发现。比如，经过深入思考，员工可能会发现，提升自己在项目管理方面的能力比升职更加重要。所有这些关于目标的思考不仅能帮助员工重新获得动力，还能让他在面对挑战时更加有的放矢。

目标重建的关键在于目标的灵活性和深度。当我们设定目标时，往往会受到外部环境和自身认知的限制，因此不断审视和调整目标是一个持续的过程。每一次挫折都为我们提供了宝贵的经验，帮助我们在下次设定目标时更加精准和务实。复原力的一个重要特征就是能够在目标的重建中找到新的动力，并把这种动力转化为实际行动。

复原力的第三步是方法的改进。复原力不仅仅是恢复能量和重建目标，它还涉及实际行动的改变。每一次挫折都应该促使我们在行动上进行反思和优化。这不仅仅是对过去挫折的总结，更是对未来行动的策略性调整。

继续员工与经理沟通的例子。如果第一次沟通受挫了，那么员工应该反思并改进自己的方法。比如，第一次受挫可能是因为员工准备不充分，直接表达了自己的诉求，而没有考虑到经理的忙碌和情绪状态。这种方式虽然直率，却未必能有效达成目标。改进的方法可以是：首先，调整沟通的时机，选择一个经理比较空闲的时间；其次，在表达诉求时采用更加委婉和有策略的方式，避免让对方感到压力过大；最后，可以通过引入第三方的角度，或是在沟通中展示自己为公司带来的实际价值，来增强说服力。

方法的改进不仅仅是对沟通技巧的提升，还包括对工作方式、思维方式等方面的综合优化。在陷入困境时，我们的行动应该更加注重有效性和适应性。如果一种方式行不通，那就尝试另一种方式。如果计划受挫了，那就反思并修改计划中的漏洞。真正的复原力就是在每次的反思和调整中不断进化和增长的。

复原力并不是单一的能力，它是能量恢复、目标重建和方法改进这三个要素的有机结合。它帮助我们从挫折中汲取力量，重新找回方向，并通过不断优化自己的行动去达成目标。在职场中，复原力尤其重要，因为职场充满不确定性和挑战，而复原力这种能够迅速恢复、调整并行动的能力，往往决定了我们能否走得更远。无论面对怎样的困难，我们都应该学会在能量恢复后重新审视目标，调整行动方法，并保持动力。只有这样，我们才能在变化中找到属于自己的支点，并在挑战中获得不断成长的机会。

正如我的一位学员所言："复原力不仅是恢复能量，更是通过目标重建和方法创新，让我们在下次危机中更加从容应对的关键力量。"

如果用复原力来解读前面章节提到的家长辅导孩子的故事，那么对于家长而言，孩子每次对自己讲授内容的不理解都是一次"挫折"，孩子对家长的回应实际上是在提示家长尽快使用复原力，即恢复辅导孩子的耐心，重建当时的目标，改进自己的讲授方法。

5.5　实际工具与练习

果敢力的训练，需要结合实用的工具和方法，帮助我们将果敢力的核心理念应用到具体情境中。下面提供一些实际操作的方法，从评估自我状态到解决冲突，为提升果敢力提供全方位的支持。

果敢力自测工具：发现成长空间

要提升果敢力，首先需要对自身状态进行评估。表5–1是果敢力自测问卷，它通过24个情境问题，帮助我们识别自己在目标明确、积极主动、想方设法，以及应对困境方面的表现。

表 5–1　果敢力自测问卷

序号	情境问题	分数—可选答案	我的答案
1	面对复杂任务时，我能够迅速明确需要优先完成的核心目标	1–从未，2–偶尔，3–经常，4–总是	
2	我擅长在有限的资源条件下，找到创造性的解决办法	1–从未，2–偶尔，3–经常，4–总是	
3	面对强大阻力时，我能迅速明确核心目标，并专注于解决问题	1–从未，2–偶尔，3–经常，4–总是	
4	我能平衡长远目标与短期目标之间的冲突，集中精力实现核心目标	1–从未，2–偶尔，3–经常，4–总是	
5	当既有方法行不通时，我会尝试不同的策略或思路来解决问题	1–从未，2–偶尔，3–经常，4–总是	
6	我能在关键情境中充满动力，并积极寻找突破口	1–从未，2–偶尔，3–经常，4–总是	
7	我在面对挑战时，会尽最大努力达到"不尽全力不罢休"的状态	1–从未，2–偶尔，3–经常，4–总是	

续表

序号	情境问题	分数—可选答案	我的答案
8	即使在受到挫折后，我也会反思自己能否更好地达成目标，并持续改进	1－从未，2－偶尔，3－经常，4－总是	
9	在面对挫折时，我不会陷入主动攻击或被动攻击的状态，而是集中精力解决问题	1－从未，2－偶尔，3－经常，4－总是	
10	我在行动前花时间明确目标的细节和范围	1－从未，2－偶尔，3－经常，4－总是	
11	我能在短时间内提出多个应对方案，并评估它们的可行性	1－从未，2－偶尔，3－经常，4－总是	
12	我能明确表达需求，同时关注他人观点，以找到合作方案	1－从未，2－偶尔，3－经常，4－总是	
13	我能够从他人的观点中找到解决问题的思路，并运用到实际中	1－从未，2－偶尔，3－经常，4－总是	
14	我愿意在不确定的情况下迈出第一步，而不是等到所有信息都明确时才开始	1－从未，2－偶尔，3－经常，4－总是	
15	我在团队中通常是第一个提出行动计划或解决方案的人	1－从未，2－偶尔，3－经常，4－总是	
16	我能根据新的信息和变化灵活调整原有计划	1－从未，2－偶尔，3－经常，4－总是	
17	遇到挑战时，我会提醒自己想要达成的目标，然后努力想办法解决问题	1－从未，2－偶尔，3－经常，4－总是	
18	我能够在多个任务中识别出主要任务，并合理分配精力	1－从未，2－偶尔，3－经常，4－总是	
19	我能在困境中保持冷静，而不是陷入情绪化或急躁状态中	1－从未，2－偶尔，3－经常，4－总是	
20	我在处理突发状况时，能快速调整计划并找到替代方案	1－从未，2－偶尔，3－经常，4－总是	
21	在解决难题时，我不局限于经验，而是会考虑并尝试新的方法	1－从未，2－偶尔，3－经常，4－总是	
22	我在工作中能够分清轻重缓急，并在必要时做出取舍，让自己聚焦重要目标	1－从未，2－偶尔，3－经常，4－总是	
23	我擅长在有限的资源条件下，找到创造性的解决办法	1－从未，2－偶尔，3－经常，4－总是	
24	我在事后复盘时，会经常反思自己当时是否真正竭尽全力	1－从未，2－偶尔，3－经常，4－总是	

评分与解读

● 满分为 96 分。

● 果敢力优秀（75~96 分）：表现出色，能在多数情境中展现优秀的目标感、主动性和创新能力。

● 果敢力一般（50~74 分）：具备果敢力基础，但需加强某些维度的应用，尤其是在复杂情境下的应对能力。

● 果敢力低分（0~49 分）：需要全面提高目标明确性、行动主动性和创新解决能力，通过日常练习逐步提升果敢力。

冲突转化模板：从对立到合作

果敢力的高级应用之一是将冲突转化为合作机会。以下是一个冲突评估和解决模板，用于帮助我们从冲突中找到共赢的解决方案。

冲突评估模板（示例）：

（1）冲突的核心目标：明确自己希望通过冲突达成的主要目标。

（2）对方的需求：通过倾听和观察，分析对方的核心关注点。

（3）资源与限制：列出解决问题所需的资源，以及现有的限制条件。

（4）共赢策略：结合双方的目标与资源，寻找能够兼顾双方需求的方案。

案例：

一位负责市场推广的经理在一次跨部门资源分配会议中，与财务主管就预算问题产生了激烈的争论。经过果敢力训练，她决定尝试用冲突评估模板重新梳理问题。她明确了保证宣传活动质量的目标，同时也理解财务主管控制预算的需求。通过重新规划活动方案，她在减少了非核心支出的同时，保留了关键活动。这次协作让双方都感到满意，也建立了更紧密的合作关系。

目标管理表：聚焦行动力

为了更好地实现目标，可以通过如表 5-2 所示的目标管理表，将目标分解成可操作的步骤，并实时记录进展和调整建议。

表 5-2　目标管理表（示例）

目标	具体行动步骤	进展	遇到的挑战	调整建议
完成季度报告	收集数据 → 编写初稿 → 修改、定稿	已完成部分（68%）	数据不完整	提前安排数据收集时间
提升团队协作效率	定期组织团队讨论 → 明确分工	进行中（36%）	部分成员参与度不高	增加个别沟通频率

行动计划模板：将果敢力内化为习惯

通过制订清晰的行动计划，可以将果敢力融入到日常生活和工作中。以下模板可以帮助我们系统地规划和执行果敢行为。

行动计划模板（示例）：

（1）目标：明确要达成的目标（如完成项目、解决冲突）。

（2）现状分析：描述当前的情况，以及主要挑战。

（3）具体行动：列出实现目标的具体步骤和优先顺序。

（4）时间安排：为每个步骤设定时间节点。

（5）反馈与改进：在完成任务后，记录经验教训和优化策略。

通过果敢力自测工具、冲突转化模板、目标管理表和行动计划模板，可以系统地培养和强化果敢力。这些工具不仅能够帮助我们解决实际问题，也能让我们在日常生活和工作中，始终保持目标明确、积极主动和想方设法的状态。

第6章　果敢力的未来价值

6.1　未来世界的果敢力

在这个复杂多变的时代，果敢力正逐步从一种个人能力转变为团队和组织的核心竞争力。无论是应对环境的不确定性，还是在激烈的竞争中寻找突破，果敢力都展现出它不可替代的价值。

果敢力在新时代的意义

我的一位创业者学员曾分享过她的经历。在市场变化异常迅速的情况下，她的初创公司因产品方向不明确而陷入困境。员工、团队，甚至整个公司都缺乏明确的目标和行动方向。然而，她凭借果敢力领导团队，一步步定义公司的短期目标并逐渐调整战略。最终，她带领团队从低谷中走出并重新站稳，不仅成功获得了新一轮融资，还拓展了市场。

这个案例让我深刻认识到果敢力在新时代的重要性。随着技术变革加速、竞争格局不断变化，环境的不确定性已经成为常态。果敢力帮助我们在复杂的局面中找到方向，通过明确目标、积极主动和想方设法，将不确定性转化为前行的动力。它不仅适用于个人，也为组织的长远发展提供了关键支撑。

在应对快速变化的外部环境时，果敢力的优势尤其明显。一家医疗科技公司在新冠疫情期间面临供应链中断的难题。该公司不得不在短时间内寻找替代供应商，同时还要应对客户需求暴增的压力。在最困难的时刻，公司领导团队明确了优先目标："确保核心产品的持续供应，并优先满足一线客户的需求。"通过果断的决策和积极的行动，这家公司不仅成功化解了危机，还在市场中收获了良好的品牌声誉。

果敢力在未来工作中的核心价值

未来的工作模式将越来越依赖虚拟协作、跨文化沟通和快速决策。在这样的环境中，果敢力的价值愈发突出。以一个分布在五个不同时区的国际项目团队为例，成员之间既有文化差异，又缺乏面对面的交流。果敢力可以帮助团队领导者快速制定目标，并通过清晰的任务分配和积极的行动，指导成员高效协作。

一位科技公司的高管朋友曾在虚拟团队管理中深刻体会到果敢力的作用。在开发一个核心技术时，他发现团队成员对优先事项的理解截然不同，导致项目进展缓慢。他果断暂停了团队的日常工作，组织了一场线上会议，重新定义了每位成员的职责与任务。不到两周时间，团队效率大幅提升，按时完成了产品原型的开发。

未来工作模式的另一个重要趋势是个性化和灵活性。果敢力在这一趋势中扮演了重要角色。例如，一家全球零售公司在推行混合办公模式时，面临团队效率和协作文化的挑战。通过果敢的目标设定与调整，这家公司明确了"效率优先"和"员工幸福感并重"的双重目标，并鼓励团队根据实际情况灵活制订工作计划。这种果敢的管理方式不仅提高了员工的满意度，也显著提升了项目交付效率。

6.2 人工智能时代的果敢力

人工智能（Artificial Intelligence，AI）技术正以惊人的速度改变世界。从自动驾驶到智能助手，AI深入各行各业，提供了更多便利，极大地提高了效率。然而，这场技术变革也带来了不确定性与复杂挑战。面对这些变化，果敢力成为个人与组织在AI时代抓住机遇、应对挑战的关键能力。

果敢力是一种敢于决策并迅速行动的能力。它帮助我们在变化中找到方向，快速迈出第一步。如果没有果敢力，我们可能会因犹豫不决而错失机遇；而具备果敢力的人则能在不确定性中果断行动，将风险转化为成长的契机。

AI时代的决策挑战

AI以其强大的分析和预测能力改变了决策方式，同时也让决策变得更加复杂。面对瞬息万变的技术环境，许多人在选择时陷入犹豫。例如，某企业在决定是否引入AI辅助工具时，因过度权衡而延误决策时机，最终错失市场先机。

而具备果敢力的企业，能够充分利用AI的技术优势，通过数据分析减少不确定性，迅速投入实践。果敢的决策让他们在实际操作中不断优化，从而在竞争中占据优势。AI时代要求的不仅是谨慎，更是行动的果断与高效。

果敢行动的力量

AI技术强调速度和效率，而果敢力让我们能够在技术变革中迅速行动并获得先机。例如，某初创公司在开发AI教育平台时，面对多样化的市场需求，果断选择专注于核心功能——基于学生学习行为的智能推荐系统。

这一果敢决定让他们迅速投入开发并成功抢占市场，不仅赢得了用户和投资者的青睐，也为后续产品迭代奠定了基础。这表明，在AI时代，快速试错和果敢行动比以往任何时候都更加重要。

此外，AI技术本身为果敢行动提供了有力支撑。借助AI驱动的项目管理工具或智能分析系统，我们可以迅速识别问题、优化资源配置，从而加快试验和决策的速度。这种果敢行动和AI技术结合的方式能够有效降低风险，提升行动成效。

创新中的果敢力

果敢力不仅是应对不确定性的工具，更是推动创新的动力。许多突破性技术的诞生，正是因为研究者敢于挑战传统方法，尝试新的解决方案。

一位 AI 科研人员的经历便是如此。他的团队在开发语音识别系统时遇到了技术瓶颈。他们果敢地放弃传统算法，转向了尚未成熟的深度学习技术。虽然这一决策伴随着风险，但最终显著提升了产品性能，使团队在行业中确立了领先地位。

AI 的快速试验能力也使创新更加高效。通过机器学习模型的快速迭代和验证，企业能够以较低成本实现技术突破，推动产品迅速进入市场。这种果敢的创新实践是在 AI 时代脱颖而出的重要方式之一。

缺乏果敢力的风险

在 AI 时代，缺乏果敢力的人和组织往往容易陷入被动。某制造企业在自动化技术普及初期，因决策者过于谨慎，迟迟不敢更新生产线，最终丧失市场份额，被更具果敢力的竞争对手超越。

这样的例子警示我们，犹豫不决可能会错失机遇。AI 时代的特征是变化快、窗口期短，只有具备果敢力的人和企业才能在快速变化的环境中保持竞争力。

AI 技术为人类打开了无限可能，同时也带来了前所未有的挑战。在这场技术变革中，果敢力帮助我们迅速决策、果断行动，并通过实践不断优化。

AI 赋予我们更强大的工具，但唯有果敢行动，才能真正释放其潜力。通过明确目标、善用 AI 辅助决策、快速试错，我们不仅能够更好地应对 AI 时代的复杂环境，还能在变革中开创属于自己的未来。

6.3 鼓励行动

在引言中，我提到了一位年轻的管理者，她通过果敢力，从普通员工逐步成长为团队的核心力量。她的故事告诉我们，果敢力不仅是一种能力，更是一种生活态度。果敢力贯穿她的职业与生活，让她在复杂局面中找到了目标，并以积极主动的行动改变了自己的轨迹。今天，我们每个人都可以像她一样，将果敢力融入到日常的选择中，从而开启一段更加充实和有意义的旅程。

果敢力是一种实践

果敢力的核心并不复杂：目标明确、积极主动和想方设法。但真正让它发挥作用的，是我们愿意在日常生活中实践它。那位年轻管理者的转变，始于一次再普通不过的工作会议。在许多人选择沉默时，她选择了发言。这个看似微小的举动，却在她的职业生涯中产生了连锁反应。

我们每个人的生活中都存在类似的机会。或许是在会议中提出自己的想法，或许是在家庭讨论中主动表达真实的感受，又或许是在面对难题时，试着主动寻找解决方案。每一次主动出击，都能让我们离目标更近一步。

从今天开始践行果敢力

果敢力不是一种"等到合适时机"的能力，而是一种"从当下开始"的行动力。以下是一些简单的建议，帮助你在日常生活中实践果敢力。

●明确目标：每天为自己设定一个清晰的小目标，比如完成某项重要任务或解决某个悬而未决的问题。

●积极表达：无论是在工作中还是在生活中，试着主动说出你的观点，即使不完美，也会为问题的解决提供更多的可能性。

●行动起来：不要被完美主义束缚，从小行动开始积累信心，比如主动给团队提一个建议或尝试解决一个平时回避的问题。

果敢力的实践并不需要宏大的场景，它的价值往往体现在点滴之间，体现在那些日常而具体的选择中。

果敢力的真正意义在于，它让我们成为生活的掌控者，而非被动的接受者。在引言中的案例中，那位管理者的果敢行动不仅改变了她的职业轨迹，也让她在生活中建立了更深的信任和支持关系。她的例子告诉我们，果敢力并不局限于特定的领域，而是帮助我们在生活的每个方面都更有目标、更有方向。

每一次果敢的行动，都会对生活产生累积效应。它不仅帮助我们在当下找到解决问题的路径，更会塑造我们的未来，让我们在面对更大的挑战时能够从容应对。

最后，我想邀请你问自己一个简单的问题："我到底想要什么？"这不仅是果敢力的起点，也是我们开启改变的第一步。从现在开始，不妨设定一个小小的目标，主动迈出第一步。无论是在工作中还是在生活中，这次的果敢行动也许将成为你人生新篇章的起点。

果敢力不是天生的，而是通过一次次的实践培养的。从今天开始，让我们一起将果敢力变成一种生活态度，用行动定义未来。

第7章 果敢力与软实力三原色

7.1 对自驱力和思辩力的促进作用

在技术和知识飞速更新的当下，仅靠硬实力是无法全面应对复杂多变的环境的。因此，软实力作为内在驱动力、行动力和理性分析能力的结合，逐渐成为个人和组织脱颖而出的关键因素。

软实力三原色中的三大能力——果敢力、自驱力和思辩力，分别从行动执行、内在驱动和理性思维三个方面构建了软实力的核心支柱。果敢力是行动的引擎，它将目标与行动紧密连接，自驱力提供源源不断的内在动力，而思辩力赋予人冷静分析的理性思维。这三大能力就像颜色中的三原色一样，能够组合出无数种可能。它们在各自独立发挥作用的同时，又能相互协作，共同推动个人和团队在复杂环境中达成目标。

果敢力与自驱力：从明确目标到持久投入

果敢力的核心是目标明确、积极主动和想方设法，而这正是自驱力发挥作用的前提。在实际生活中，我们常见到许多人虽然具备某种能力或对某领域怀有热爱，却因为目标不清晰或行动力不足，最终难以全情投入。在这种状况下，果敢力扮演着点燃内在热情的火花、为自驱力注入动力的关键角色。

果敢力明确了方向，让热爱有了成长的载体。假设一个人热爱写作，但对自己的目标缺乏清晰认知，那么他可能仅停留在写作的表面兴趣上，而无法将热爱转化为持续成长的动力。而果敢力的介入能帮助他设定具体目标，比如完成一本小说或建立个人写作品牌。目标的明确不仅让热爱不再飘忽不定，还促使他将全情投入转化为系统性成长。

同时，果敢力能够帮助我们突破自驱力的瓶颈。在成长过程中，自驱力可能因为内外环境的变化而受挫。例如，长期努力却没有显著成效可能导致热情消退，甚至产生自我怀疑。而果敢力所强调的"不尽全力不罢休"的精神，能够推动我们在困境中寻找解决方案，持续追逐目标。这种精神让自驱力在面对瓶颈时不再退缩，而是迎难而上，将挫折转化为成长的契机。

果敢力与思辩力：从实践验证到深化认知

思辩力的本质是理性思考，但果敢力能使这种理性更具实践价值。思辩力强调通过检视思维过程，发现盲区、偏见或假设，并对其进行质疑和优化。然而，这种能力通常较为抽象，需要借助实践来验证结论的有效性，而果敢力的果断行动恰好为思辩力提供了实践的舞台。

通过行动验证假设，让思辩更加扎实。例如，一位创业者在制订商业计划时，可能通过思辩力分析市场需求，推导出某种产品的潜力。但如果没有果敢力，他可能会因担心失败而止步于理论分析。反之，果敢力驱使他将计划付诸实践，进而通过市场反馈检验假设的真实性。这种行动过程不仅能帮助创业者修正错误结论，还能强化其思辩力的实践维度，使其更具前瞻性和可操作性。

此外，果敢力在冲突中推动思辩力深化。果敢力强调在面对冲突时化解矛盾、寻求共赢。这种过程往往需要深入思考双方的利益诉求，并通过理性思考找到平衡点。例如，在团队协作中，果敢力促使领导者敢于正面应对团队分歧，通过深入讨论和权衡找到最佳解决方案。这样的实践不仅强化了领导者的思辩能力，也使其决策更加缜密。

三位一体

果敢力、自驱力和思辩力三者之间并非独立存在的，而是相互促进、相辅相成的。果敢力为行动提供动力，自驱力为行动注入热情与持续性，思辩力则为行动提供理性指导。这种高效循环不仅使个人在追逐目标的过程中不断成长，还能通过思考与实践的结合优化行动策略。

果敢力是三者的核心推动力，它为自驱力和思辩力提供了行动的基础。在目标明确的情况下，果敢力驱动个人大胆尝试，确保行动不因犹豫而中断；自驱力则在果敢力的引导下，通过热爱和成长保持持久动力；而思辩力的理性分析则为果敢力修正路径，避免盲目冒进。

最终，这种循环助力个人实现软实力的整体提升。一个思维缜密、目标明确，且持续自我驱动的人，往往能在复杂多变的环境中找到自己的方向，并凭借软实力的综合优势脱颖而出。

软实力三原色中的果敢力不仅是行动的催化剂，更是促进自驱力和思辩力发展的关键纽带。它帮助个人在明确目标后保持热情，全情投入；同时通过实践深化认知，使理性分析更加精确。在三者的良性互动下，软实力得以全面提升。

7.2　因果敢而无悔

在成长的道路上，总有一些瞬间令人刻骨铭心。那些我们全力以赴的时刻，无论结果如何，常常会成为心中最深的慰藉。而果敢力，正是让这些时刻不断发生的推动力。

全力以赴，成就目标

几年前，我的一位学员分享过他的故事。他所在的公司曾在一个竞争激烈的投标项目中，面临前所未有的挑战。尽管那时公司资源有限，他仍然决定带领团队迎难而上。他们彻夜准备方案，详尽分析竞争对手，甚至提前联系潜在客户了解他们的真正需求。在那些日子里，他说自己唯一的信念就是："无论结果如何，我们必须竭尽全力。"

最终，他们成功中标。这位学员说："成功固然令人喜悦，但最让我骄傲的是我们做到了不留遗憾。那是一种无悔的感受，甚至超越了结果本身。"这个故事让我明白，果敢力的真正价值不仅在于结果的达成，更在于过程中全力以赴的自信与满足。

坦然接受，收获无悔

并不是所有的努力都会换来成功。有些时候，目标的达成并不在我们掌控之中。但果敢力的意义在于，它帮助我们坦然面对失败，因为我们已经竭尽全力。

我曾和一位研发经理深入交流过。他的团队在开发一项关键技术时遭遇了重重困难，尽管他们尝试了各种解决办法，却仍未能在截止日期前完成任务。项目被迫终止时，他告诉我："我当然希望成功，但我知道我们尽了一切可能的努力，这让我能够坦然面对结果。"更重要的是，他把失败的经验转化为公司内部的分享材料，让其他团队避免重蹈覆辙。

他说："虽然我们没有成功，但我们在这个过程中学到了很多东西。这种无悔的感受，让我对未来更加从容。"他的故事让我相信，果敢力的实践并非只追求结果，而是让过程本身充满意义。

用果敢力书写无悔的人生

"如果每件事都无悔，我们的人生将会怎样？"这是我经常自问的问题。无悔，不是意味着我们永远没有遗憾，而是无论何时回首都能坦然地说："我尽了全力。"果敢力教会我们以积极主动的态度面对生活中的每一个挑战，想方设法寻找解决问题的路径，并最终以"不尽全力不罢休"的状态成就自己想要的未来。

无悔的人生，或许不是完美的人生，但它一定是有力量的人生。它让我们在追逐目标的过程中，感受到成长的意义和价值。通过果敢力的实践，我们要么收获成功，要么收获无悔——而后者，或许比成功更加珍贵。

SELF LEADING

第2篇

自驱力

两个同样优秀的毕业生，从名校毕业后进入同一家公司，被分配到同一个部门，并承担着几乎相同的工作任务。起初，他们对未来都充满期待，觉得自己很快能凭借才华脱颖而出。然而几年后，他们的职业轨迹却完全不同。

其中一个员工逐渐对工作失去了热情。他认为每天的琐碎任务毫无意义，只是在浪费时间。打印文件、整理表格、翻译资料，他觉得这些简单的工作配不上自己的能力，于是越来越消极地对待工作。他经常拖延任务，敷衍完成，对公司和领导充满不满，甚至开始质疑自己的职业选择。

另一个员工却在同样的岗位上脱颖而出。他同样面对琐碎的任务，但他认真完成每件事，并主动寻求改进方法。在整理数据时，他尝试优化表格格式，提高工作效率；在翻译资料时，他研究行业背景，积累专业知识；甚至在打印文件时，他也观察如何更高效地管理文档。此外，他不仅完成了自己的本职工作，还积极承担额外任务，帮助团队解决问题。

随着时间的推移，两人对工作态度的差异逐渐显现，这也直接影响了他们的职业发展。几年后，认真主动的那个员工被公司提拔重用，开始负责更大的项目。他不断挑战自我，工作充满热情，事业蒸蒸日上。而另一个员工依然停留在原地，感到迷茫和倦怠，认为自己怀才不遇。

是什么造成了这样的不同？其中的原因非常明显，那个被提拔重用的员工掌握了自驱力，而另一个却没有。

很多人在回顾自己的职业生涯时，才会明白自驱力的重要性。它是一种来自内心的动力，它让人学会热爱看似平凡的小事，在其中找到成长的机会；它让人不再等待外界的改变，而是主动去推动自己的改变。

自驱力源于热爱、成长和自主。热爱让我们愿意投入，成长让我们积累能力，而自主则帮助我们掌控生活与职业的方向。这三者循环往复，推动着我们在看似平凡的日常中实现不平凡的突破。

职场中那些积极主动、不断追求成长的人，以及那些热爱生活的人，都是自驱力的"代言人"。他们从不轻视那些小事，不仅全力以赴，还在过程中持续学习。因为他们明白，那些看似平淡的努力是通向更高成就的基石。

当然，自驱力并非孤立的存在。它和果敢力、思辨力这两个关键能力共同构成了软实力的三原色。果敢力指引方向，思辨力优化路径，而自驱力是确保行动持续进行的燃料。这三者共同作用，帮助我们在职业和生活中找到热爱，持续成长，并实现更多的自主。

在接下来的章节中，我将分享自己对自驱力的理解。这些内容不仅仅是我个人反思的结果，更是一种被验证过的成长路径和有效方法。无论你是职场新人，还是经验丰富的管理者，自驱力都将是帮助你突破现状、实现持续成长的关键。

愿自驱力成为你成长路上的伙伴，帮助你找到属于自己的动力源泉，点燃内心的火焰，在职业和生活中开启一段更有意义的旅程，成为更加充盈的自己。

第8章 什么是自驱力

那些在工作和生活中拥有自驱力的人，都深知能量是行动的基石。因此，在追逐目标的过程中，他们的激情从来不受外部环境的影响，也不需要他人赋能，无论是时间还是困境都不能削弱他们对生活和工作的热情。他们是水平高超的自我赋能者和能量输出者。

8.1 自驱力的代言人

那些在工作和生活中，无论事情大小，都满怀激情、全心投入的人，就是自驱力的代言人。

全心投入的管理者

只要我们愿意观察就会发现，那些拥有出色自驱力的人就在我们身边。

在一家业务蒸蒸日上的公司里，一位深受员工敬佩的高级管理者以无比的热情投入到每一项工作中。人们可以感受到他对所做的每一件事的热爱。不管是带领团队制定战略，还是与不同部门的同事沟通，他都全情投入，能量满满。团队成员常常感叹："和他一起工作，真的能感受到一种源源不断的动力。"每次团队遇到瓶颈，他总是第一个站出来，通过自身的行动和态度带动团队找到解决问题的办法。

对身边的每一个同事来说，他就像一个能够输出能量的电源，尤其是在大家情绪低落或遇到挑战的时刻，他总是那个能够为所有人提供动力并激发热情的人。

在公司的各种会议上，这位管理者总能表现出对不同意见的开放态度。他不仅认真倾听，更主动参与到与大家的平等讨论中。他鼓励每个人大胆提出自己的观点，营造了一种自由辩论的氛围。在这种氛围下，不同意见的碰撞让团队能够从更多角度思考问题，从而得出更高质量的决策。

这位管理者在公司业务取得优异成绩时，总是第一个提出更高的要求。他从不满足现状，而是不断带领团队探索新的可能。他强调，任何成功都只是下一次挑战的起点。他以身作则，带领团队一起制定更加大胆的目标，并通过具体的行动带领大家迈向新的高度。他的这种精神感染了团队中的每个人，使他们也愿意主动挑战自己，追求更高的成就。

热爱生活的家人

在生活中，我们也能看到充满自驱力的人，他们往往是他人的榜样。比如，一位父亲在结束一天忙碌的工作后，依然能够全心全意地培育孩子。他与孩子的相处不仅仅是玩耍，更是通过共同学习来不断提升自己，成为更好的父亲。他阅读育儿书籍，学习育儿课程，还与教育专家交流经验。他知道，作为一名父亲不仅要承担责任，更要不断地自我成长。有一次，他发现孩子在数学上遇到了困难，为了更好地帮助孩子，他专门学习了一套新的激发学习兴趣的方法，并将其融入到日常的生活中。最终，孩子不仅逐渐克服了困难，还因此对数学产生了浓厚的兴趣。

在夫妻关系中，他也以同样的热爱和学习态度去经营。他深知，婚姻的稳定需要双方共同的努力。他始终珍视与妻子的感情，像初恋般用心经营他们的婚姻。他会用细腻的方式表达爱意，主动承担家务，把对妻子的爱融入点滴生活，把平凡的日子过得充满温馨和爱。

除此之外，他还学习如何通过有效的沟通缓解伴侣的情绪，主动寻找方法帮助妻子在生活和事业中找到平衡。无论是家庭的小决定还是重大规划，他都努力与妻子达成一致，体现出充分的尊重与支持。

他们总是相互扶持，共同成长。他说："我们彼此成就，婚姻才会像最初的那样充满激情与温暖。"他们的努力不仅巩固了感情，也为孩子树立了一个温馨和谐的家庭榜样。

对于老人，他始终怀着一份深深的敬爱。他愿意花时间陪伴老人，与他们聊天，倾听他们的故事。他并不是简单地完成义务，而是真正享受与老人相处的每一刻。他还会带着孩子和老人一起分享生活中的点滴，在这种互动中让老人感受到被需要的幸福感。无论是日常的一次简单探望，还是在节假日安排的家庭聚会，他都用心去创造温馨的家庭氛围。他相信，与老人相处的每一刻都会使家庭纽带更加牢固。

上文中我所描述的职场中的高管，以及生活中扮演不同角色的父亲都是自驱力的代言人。他们乐于承担工作和生活中的每个责任，享受每个角色带来的挑战和意义。在这个过程中，他们不仅持续成长，还获得了越来越多的自主权，无论在思想上还是行为上，都拥有更多选择的自由。而这种自主性又会促使他们将热爱融入日常点滴，实现新的成长。

8.2 热爱、成长和自主

是什么造就了前面提到的那些自驱力的代言人？他们的能量来自何方，为什么他们积极向上的状态能够不受外界影响？

自驱力的本质其实是自我激励。激励是领导力不可回避的议题之一，也是无数管理学者和心理学家研究的重要课题。在这一方面，我认同丹尼尔·H.平克（Daniel H. Pink）在《驱动力：关于激励的惊人真相》（*Drive: The Surprising Truth About What Motivates Us*）一书中提出的观点：真正能够给予我们持久激励的，是自主（Autonomy），专精（Mastery）和目的（Purpose）。此外，西蒙·斯涅克（Simon Sniek）在他出版的《从"为什么"开始：伟大的领袖如何激励行动》（*Start with Why: How Great Leaders Inspire Everyone to Take Action*）中，也强调Why（以意义为内容的为什么）对于激励人的重要性。受他们的这些观点的启发，并结合我为客户和学员服务的实践，我将自驱力的来源归纳为热爱、成长和自主这三个核心要素，并将在后面的内容里，分享我对它们的理解。热爱、成长和自主这三者既是独立的驱动力，又通过彼此交互形成一个持续增强的良性循环，共同支撑个人在职业和生活中的内在驱动力。

热爱：自驱力的起点

热爱是自驱力的源泉，也是推动人们在工作和生活中全情投入的原动力。它让人愿意在某个领域中不断探索，甚至在面对困难时仍然保持专注和坚持。正是这种发自内心的热爱，让生命的每一天都充满了意义和方向。

我曾经遇到过一位年轻的职场新人，那时她刚加入一家数据分析公司。尽管她的起点并不高，但对数据的热爱驱动她主动学习各种新工具。从编写复杂的脚本到掌握数据可视化，她总是比别人多花几倍时间去研究问题，并且乐在其中。在一次团队竞标中，她基于自己的分析提出了一个极具创意的方案，得到了客户的高度认可。这份热爱不仅让她的技能突飞猛进，也让她在团队中迅速脱颖而出。

这种热爱不仅出现在职业领域，也出现在生活中。一位热爱音乐的人，会在弹奏时感受到内心的宁静与满足；一位酷爱运动的人，会在每一次流汗的瞬间体会到身体的活力。热爱让人们在漫长岁月中，找到那些可以抵御平淡的支撑点，使每一天都充满期待。

热爱可抵岁月漫长，正是因为热爱让人们拥有了对抗"平凡"或挑战的力量。在漫长的岁月中，或许我们都会经历挫折和低谷，但热爱是一种强大的内在支柱，它让人们能够在最平凡的日子里找到自我满足的意义。那些在热爱中度过的时光，无论看似多么琐碎，最终都会沉淀为人生最珍贵的回忆。

我还记得一位学员的故事。他在一家制造企业担任工程师，日复一日地处理设备上的技术难题。但他的热爱并不仅仅局限于完成工作，而是希望通过创新让生产更加高效。他自发研究新技术，经常利用非生产时间进行研究或在实验室调试设备，即使遇到失败也从不轻言放弃。正是这种热爱，让他成功优化了一条关键生产线，为公司节省了大量成本，也为他赢得了行业内的声誉。

热爱不仅让人拥有源源不断的动力，更是一种能够穿越时间的力量。它让我们不再因平凡而焦虑，不再因短暂的成就而迷失，也让我们在成长与探索中找到生命的意义。无论是在职业中还是在生活中，热爱都是自驱力的起点，它为人生注入持久的能量，成就每一个不平凡的瞬间。

成长：热爱转化为能力的桥梁

热爱所激发的动力只有通过成长才能真正转化为能力。成长不仅是技能的提升，更是视野的开阔和解决复杂问题能力的提升。这种成长需要主动学习、不断挑战自己，并且愿意走出"舒适区"。

一位负责跨部门合作的学员曾告诉我，他起初对这种协调工作并不擅长，但他对组织架构和团队协作方式有着浓厚的兴趣，尤其希望自己能在更大范围内发挥影响力。出于这种热爱，他积极接受了新的角色挑战。在这个过程中，他学习如何与不同背景的人沟通，并快速理解其他部门的需求。虽然一开始感到手忙脚乱，但随着经验的积累，他逐渐掌握了跨部门协作的要领。这次经历不仅让他在专业能力上得到了成长，也为他后来担任更高职位奠定了基础。

成长并不只体现在职业发展方面。在个人生活中，它体现为情感的成熟、家庭关系的改善以及对自我认知的提升。一个人愿意在成长中付出的努力，最终都会在生活的方方面面回馈给他。

自主：热爱与成长的结果

当一个人被热爱驱动成长，并在此过程中掌握了足够的能力时，自主便成了自然而然的结果。自主不仅是独立完成任务的能力，更是面对复杂环境时自我决策、自我引导的力量。

我的一位学员曾在一次团队冲突中展现出极高的自主能力。当团队因资源分配问题陷入僵局时，他并没有等待上级指示，而是主动与相关方沟通，提出了一套资源优化方案。这种独立思考和灵活应对的能力，帮助他顺利化解了团队内部的矛盾，同时获得了同事和领导的高度评价。

显然，在应对挑战时，他所展现出来的自主性源于对工作的热爱带来的内驱力，以及日常注重成长积累下的能力，因此才能提出优化方案。这个案例很好地说明了自主是热爱和成长的结果。

自主不仅仅在工作中发挥作用，在生活中也是如此。当人们面对重要的抉择，比如家庭规划、职业转型或重大投资时，自主使他们能够在各种选择中找到最符合内心价值的方向。

热爱、成长和自主的循环

热爱、成长和自主之间并不是孤立的，而是一个相互影响、不断强化的循环。热爱激发行动，成长为行动提供反馈，而自主则使人们更高效、更自信地投入到新的热爱中。正是因为这三个要素的不断循环，一个人才能够持续地获得动力，突破自我限制。

一个经典的例子是我的一位朋友的经历，他从一名普通的技术工程师成长为跨国公司的技术总监。他的职业起点是对技术的热爱。通过持续的学习和成长，他不仅掌握了精湛的技术，还逐渐积累了管理经验，提升了战略规划的能力。随着能力的提升，他获得了更多自主权，比如他可以独立进行决策并规划团队的发展方向。而这些自主权又进一步激发了他的热爱，让他在更广阔的平台上继续探索技术的无限可能。

自驱力的标志

拥有自驱力的人，他们的热爱、成长和自主行为贯穿于生活的每一个细节。他们用行动为工作注入更多活力，为生活带来更多可能。他们不仅是自己人生的主导者，也成了周围人的榜样。无论面对怎样的挑战，他们总是用自己的方式推动变化，从而创造更加充实而有意义的生活。

热爱是一切的基础。只有热爱，我们才有成长的动力；而成长带来的能力积累，能够让我们获得更大的自主权和更多选择。自主反过来又会强化我们对工作、生活和成长的热爱，进一步推动成长，帮助我们收获更多的自主。这种正向循环正是一个人拥有自驱力的状态。

当一个人在工作和生活中进入这种状态时，他就成了自驱力的代言人。将热爱融入点滴，用才华成就自己——这是对自驱力最凝炼的概括。

热爱、成长和自主共同构成了自驱力的三大支柱。这三者既是职业成功的关键因素，也是个人生活幸福感的重要来源。当一个人能够主动点燃热爱、推动成长并实现自主时，他就建立了一个强大的内在驱动力系统。这个系统不仅支持他应对职业挑战，也让他在生活中拥有更多选择的自由与内心的满足感。

第9章 自驱力在职业成长中的体现

9.1 不同层级的自驱力

自驱力的本质是领导自己，而领导自己是带领他人的前提。因此，自驱力是领导力的基石——在优秀的领导者的带领下，每个团队成员都可以成为自驱力的代言人。

基层员工：从执行者到主动型人才

基层员工的工作一般并不复杂，大多是高度重复的任务，比如整理数据或记录信息。许多人可能会觉得这些事情无聊，但我认识的一位学员却用他的方式让这些看似平凡的工作焕发出新意义。他并未将自己的工作职责局限于完成表面任务，而是在每次工作结束后都会花时间总结经验，试图找到更高效的方式。

最初，他提出的一些优化流程的建议并未得到领导的认可，但他并没有气馁。相反，他把被拒绝的理由当成学习的契机，主动去掌握更多相关的技能，并在下一次提出改进方案时将这些知识融入其中。最终，他的优化设计不仅让团队的工作效率提高了30%，也为公司节省了大量的时间和成本。这种热爱工作的态度和持续成长的动力，让他迅速在团队中脱颖而出。

另一个例子是一位年轻的客服专员的经历。尽管她的任务是处理客户投诉，但她并没有仅仅满足于解决眼前的问题，而是主动记录和分析常见问题的来源，并提出改进建议。她的努力不仅减少了重复性投诉，还提高了客户满意度。领导注意到她的成长潜力，将她调入了客户体验部门，负责优化项目流程。

对于这样的基层员工，自驱力往往体现在对工作的热爱和主动学习上。这种动力不仅让他们在简单的工作中找到价值，也为他们的职业发展提供了更多可能。从执行者到主动型人才，这种转变离不开内在的驱动力。

中层管理者：从协调者到团队推动者

相比基层员工，中层管理者的自驱力往往表现得更加丰富。我的一位产品经理学员分享过他的经历。在一场关键的产品开发会议上，因为团队沟通不畅，项目进度被迫延迟。他没有抱怨，而是从自己能做的事情着手，设计了一套全新的协作机制。这套机制重新优化了任务分工，同时为团队每位成员提供了更明确的目标支持。

在整个过程中，他并没有把自己置于"监督者"的角色，而是全情投入到团队协作中，他不仅关注如何提升效率，也帮助每位成员获得更多的自主性和成就感。最终，这个项目超预期完成，公司对他的能力给予了高度评价。而他的团队也受他强大的自驱力驱动，开始焕发出新的活力。

我认识的另一位中层管理者在公司资源有限的情况下，凭借强大的自驱力成功带领团队完成了复杂的跨部门项目。在这一过程中，他不仅积极协调内部资源，还主动向外部寻求支持，并激励团队成员积极创新。他的努力取得了显著成效，团队不仅按时交付了项目，还超越了客户的期望，赢得了宝贵的市场机会。

在中层管理者的工作中，自驱力不仅是对个人表现的追求，更是对团队协作和成功的关注。他们通过协调资源、激发成员潜力和优化流程，让组织的目标更高效地实现。正是这种使个人驱动转向团队驱动的能力，使他们在组织中扮演着不可或缺的角色。

高层管理者：从组织驱动力到行业影响力

对于高层管理者而言，自驱力的表现则更加深刻。一位企业的运营副总裁曾与我谈起他对自驱力的理解。他的关注点没有局限于公司内部的运营流程，而是将视野延展到了整个行业。他通过参与高品质的行业论坛关注最新的行业趋势和技术动态，并将有价值的洞察应用于公司业务。在他的不懈努力下，公司始终在市场竞争中处于领先地位。

我还认识一位CEO，他在面对行业危机时，没有选择等待外界救援，而是主动学习新技术，调整公司的战略方向。最终，他带领团队进入了一个全新的市场领域，不仅挽救了企业，还为公司开辟了新的增长点。他用实际行动证明，自驱力不仅可以改变企业的命运，还能引领行业的创新方向。在这方面，新东方的创始人俞敏洪老师就是一个典型的榜样。他在新东方的传统业务受到冲击后，没有选择退休，而是创立了新的电商平台。能够诠释他的这些做法的唯一理由就是自驱力。

高层管理者的自驱力不再仅仅是为了优化一个部门或完成一个项目，而是为了引领整个组织乃至行业的变革。通过他们的努力，一个组织的战略方向得以明确，而组织内部的每个成员也从这种高层次的驱动力中受益。

层级递进：从驱动自己到驱动组织

从普通员工到中层管理者，再到高层管理者，自驱力的表现形式随着职场层级的变化而不同。但无论处于哪个阶段，自驱力的核心始终如一，即发自内心的热爱、永无止境的成长和勇于选择的自主。对于基层员工而言，自驱力驱动他们从细节出发，不断学习和提升；对于中层管理者而言，自驱力让他们在团队协作中找到价值，推动团队迈向成功；而对于高层管理者而言，自驱力使他们站在更高的维度，驱动整个组织和行业的变革。

随着层级的提升，自驱力的要求也逐步增加。一个普通员工的自驱力，更多体现在对自己成长的关注；而中层管理者，则需要在驱动自己的同时，带动团队和部门；对于高层管理者而言，自驱力的作用进一步扩展，它需要驱动整个组织乃至行业的改变。换句话说，层级越高，自驱力覆盖的范围就越广，对个人的热爱、成长和自主的要求也就越高。

自驱力是领导力的基石，这是我经常在课堂中与学员分享的观点。

这种层级之间的递进关系，也映射了组织能量流动的规律。自驱力并非仅仅停留在个人层面，而是通过个人的热爱和成长，逐步延伸到团队、部门和组织中。最终，它转化为一种向下传递的能量，使整个组织充满活力。

组织中的能量流动是一种自上而下的过程。高层管理者通过自驱力为自己赋能，并在此基础上激励中层级管理者。中层管理者的能量一方面来自高层管理者的激励，另一方面则源于自驱力，这些能量既是他们做好自己工作的基石，也是他们激励基层员工的能量源泉。基层员工则在中层管理者的激励和源自自身的自驱力的综合作用下，推动自己努力完成工作。这种能量的传递是一个组织得以不断发展的关键。

干一行，爱一行，超越一行

自驱力在职业成长中的最高表现可以用"干一行，爱一行，超越一行"来形容。无论主动选择还是被动分配，我们都会在某个时刻从事一项工作。如何看待这份工作，以及如何对待自己的未来，决定了职业发展的高度。"干一行，爱一行，超越一行"所揭示的是一条从选择到热爱、从热爱到卓越的成长之路，贯穿其中的是对工作的自主态度与持续投入。

时下中国的知名企业家中，雷军算得上是这一最高境界的代表人物。他在加入金山软件两年后就成为公司的总经理，之后创立小米集团，其业务跨越手机和汽车等行业。他以强大的自驱力全心投入所进入的每个领域，并都做得非常成功。

干一行：接纳并投入当下

"干一行"并不总是出于主动的选择。许多人进入某个岗位或任务，可能是因为外界的安排、现实的压力，甚至是纯粹的偶然。然而，无论原因如何，既然已经身处其中，就要主动接受并找到当下工作的意义。

例如，一名职场新人被分配到他并不熟悉的部门，起初感到迷茫，甚至有些抗拒。但很快，他就意识到抱怨并不会改变现状，于是他转变心态，主动学习部门的工作流程，并积极参与目标建设。结果他发现，这份工作不仅帮助他熟悉了公司的核心运作流程，还让他掌握了系统化的思维方式，为未来的发展打下了坚实基础。通过接受并认真对待这份工作，他找到了自身的价值所在。

当我们能够正视自己的选择并主动探寻其中的意义时，就为下一步的投入和成长创造了可能。这正是工作的第一步。

爱一行：激发热情与深度投入

热爱并非天生的，而是在投入过程中逐渐培养起来的。只有通过深入了解工作内容、发现其中的意义，才能真正激发内在的动力。爱一行不仅意味着完成工作，更需要用心找到乐趣与成就感，让自己全情投入。

例如，一位文员最初觉得自己的工作简单而枯燥，缺乏吸引力。然而，当她发现某些工作流程可以通过技术手段优化时，她主动学习了新的工具，为团队节省了大量时间和成本。这一过程让她感受到了工作的价值，同时也激发了她进一步学习和自我提升的热情。她从一开始的"不得不做"转变为"乐在其中"，逐渐成为团队中的核心人物。

在工作中找到乐趣、培养兴趣，需要自我激励，并经历不断探索的过程。当热爱取代被动接受时，投入的质量和深度也随之提升。

超越一行：追求卓越与全面成长

"超越一行"是工作的更高阶段，它包括两个层次：结果上的卓越与能力上的全面成长。

结果上的卓越指的是将当前的工作做到最好，超出岗位要求，创造更高的价值。例如，一名销售人员不仅完成了公司的销售目标，还主动开拓新客户、优化客户管理流程，使整个团队的业绩提升了一个档次。这种以结果为导向的超越，直接体现了工作效率与绩效的双重提高。

能力上的成长则包含两个维度。一方面是在专业技能上的精进。例如，一名技术工程师通过学习更高效的工作方法，不仅解决了复杂问题，还设计出了具有创新性的解决方案，逐步成为领域内的专家。另一方面是影响力和领导力的提升。例如，一位初级管理者在履职过程中，不仅致力于完成团队的业绩目标，还注重培养团队成员的能力，提升团队整体战斗力。在积累了足够的经验后，他推动了跨部门协作，成为更高层级的管理者。

超越一行，不仅意味着将工作做到最好，也要求我们脚踏实地与心怀梦想并存，在实现高质量结果的同时，通过不断学习与积累，为未来的职业目标铺路。

"干一行，爱一行，超越一行"并不是一句简单的职业态度口号，而是工作的成长路径。从接受选择到激发热爱，再到追求卓越，每一步都需要自驱力的推动。自驱力让我们在面对选择时能够主动寻找意义，在行动中发现乐趣，并在挑战中突破自我。

成功的职业生涯从来不是一蹴而就的，而是一个持续探索、积累和超越的过程。当我们脚踏实地地完成当下的任务，同时心怀梦想地追求更高的目标时，就能够在每项工作中找到属于自己的意义和价值。这不仅让工作更有成就感，也让我们的人生更加精彩和充实。

9.2 组织中的能量流动和能力分布

当领导者被赋予带领和激励团队的责任时，组织的能量流动和能力分布状态就已经被定义了。

主要特征

在组织中，能量流动和能力分布的特点直接决定了整体运作的效率与文化发展。纵观那些成功的企业或团队，我们会发现两条重要规律。

一是能量的流动呈现出明显的自上而下的特征。这种能量不仅仅是任务指令，更多是来自上层的激励、支持以及战略引领。当员工面临挑战或困境时，他们通常会期待从上级获得指导，这种期待也反映了组织内的能量传递机制。高层通过强大的自驱力将能量注入中层管理者，再经由中层管理者扩散到基层员工，使整个组织得以高效运转。

二是能力的分布随着层级而提升，呈现出从处理具体事务的硬技能向以软实力为主的综合能力的转变。在职场中，员工因能力出色而被提拔，进入更高的层级，但随着层级的上升，处理事务的"硬技能"的重要性逐渐下降，管理自己和影响他人的"软实力"则变得愈发关键。基层专注于执行任务，中层需要协调资源并管理团队，而高层则更多依赖领导力来推动整个组织的发展。

自上而下的能量流动

组织中的能量流动是由高往下逐步传递的过程。高层管理者是整个组织的"发动机"，通过自驱力为自己赋能，并在此基础上为中层管理者和基层员工注入能量。他们的作用不仅仅在于制定目标，更在于通过自身对工作的热爱、持续的成长和行动的自主激发团队的信心和动力。例如，一位CEO在企业面临外部压力时，通过全员会议清晰地阐述组织的未来方向，并用积极的沟通重建员工信心，让整个团队在挑战中焕发出新的活力。

中层管理者则是能量的"放大器"。他们将能量融入具体的目标和计划，并通过管理团队和协调资源，让能量在执行过程中有效扩散。一位产品经理在应对项目进度延迟时，通过调整任务分工并与团队成员沟通，成功激发了团队的主动性，确保了项目按期完成。这种能量的放大作用，保证了组织的战略意图在基层的顺利落地。

基层员工是能量的最终转化者。他们在明确的目标指引和上级的支持下，将能量融入到工作中，并最终转化为实际成果。以一位生产线操作员为例，他不仅严格遵守生产流程，还通过观察发现某设备的使用效率可以通过调整操作顺序大幅提升。于是，他主动向上级提出建议，最终优化了整个班组的生产效率。这种对细节的关注和硬技能的熟练运用，是组织高效运作的重要基础。

当我们回顾这些能量传递的过程时，不难发现，组织的能量流动始终依赖上级的激励。正是这种能量的传递，帮助员工克服了困难，激发了更强的工作热情。而在高层管理者中，这种自上而下的能量传递（见图9-1）尤其重要，因为他们不仅是决策者，更是全组织的激励者。

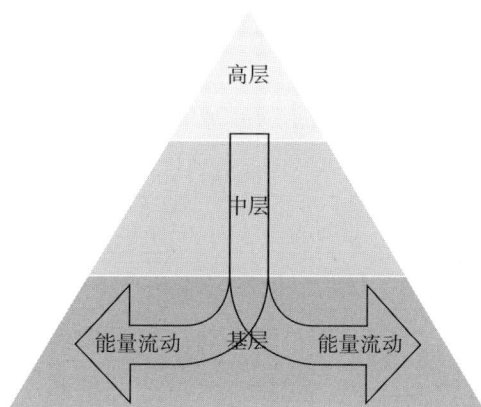

图 9-1　组织中能量自上而下的流动图

能力分布：层级越高，对软实力的要求越高

在职场中，能力分布随着层级递进而变化。基层员工的工作主要依赖处理具体事务的硬技能。他们的任务通常围绕技术操作、问题解决或流程执行展开。例如，一位客服专员通过分析客户投诉提出了优化流程的建议，不仅减少了重复性问题，还为团队节省了大量时间。这种硬技能是组织运作的基础，也是确保基本任务完成的核心。

中层管理者则需要更加多样化的能力。他们既要解决具体问题，又要协调资源和管理团队。例如，一位市场营销经理在预算有限的情况下，通过创新的活动设计和精准的资源分配，不仅完成了销售目标，还提升了团队的信心与协作力。中层管理者的综合能力是衔接高层战略与基层执行的关键。除了自身的硬技能，中层管理者还需要逐步强化软实力，如跨部门沟通的能力、协调团队资源的能力，以及在复杂环境中解决问题的能力。

对于高层管理者来说，软实力是其核心能力。凝聚力、洞察力、战略思考能力以及引领变革的能力，往往决定了整个组织的方向与成败。正如一位从技术岗位晋升到高层管理者的领导者所言："技术能力曾经是我职业发展的关键，但现在，能否激励团队、带领组织前行，才是我每天思考的核心。"高层管理者需要宽广的视野和更强的影响力，将自身的软实力转化为推动全组织发展的动力。

对自驱力的召唤

组织中的能量流动和能力分布都意味着对自驱力的召唤。层级越高，对软实力的要求也越高，而自驱力是软实力中最核心的能力之一。自驱力中的激情为组织注入源源不断的活力，推动能量自上而下的传递；成长则为个人在每个层级上的能力提升提供支撑，使组织的能量流动和能力分布形成正向循环。

在职业发展中，一个人从基层员工到高层管理者的过程，正是一个依靠自驱力逐步强化能力的过程。基层员工需要通过热爱工作、提升硬技能来为组织贡献价值；中层管理者则通过持续学习和成长，在资源管理和团队激励中扮演更重要的角色；而高层管理者需要完全依靠自驱力，持续赋能团队并激发组织活力。

热爱是自驱力的源泉，就像能量流动需要动力一样，热爱赋予每个层级的管理者以热情和动力，让他们在目标明确的情况下持续推进工作。而成长则是能力分布递进的关键，支持着员工从硬技能到软实力的不断进阶。

理解并运用自驱力，不仅是个人职业发展的核心，也是组织中能量流动与能力提升的根本动力来源。通过自驱力，一个组织可以保持高效、灵活，同时为员工的成长提供持久的支持。

9.3　职业发展的驱动力量

在职业生涯中，自驱力是决定一个人能走多远的关键能力。它不仅关乎短期成绩，更决定着一个人在漫长职场道路上的成长高度。热爱、成长与自主这三大要素，使得自驱力成为推动职业发展的核心动力。

大多数人的职场起点是从完成具体任务开始的，比如完成报告、解决技术难题或执行日常事务。这种任务导向的工作模式虽然简单直接，但也容易让人陷入"执行者"甚至"工作就是走流程"的角色扮演中。一个没有自驱力的人可能只是满足于完成手头的工作，却忽略了从任务中汲取成长营养和探索更多可能的机会。相反，自驱力强的人则会主动寻找超越本职工作的价值目标，不断扩展自己的能力边界。

单一"兴趣"的局限性

我有一位学员是一名技术人员。他对自己的专业领域充满热爱，从设备运作原理到代码优化都能钻研得一丝不苟。然而，他对非技术领域毫无兴趣。比如，他觉得跨部门合作的协调工作毫无意义，也认为技术趋势研究"过于理论"，无法解决实际问题，甚至公司组织的管理类培训也不愿参与，他认为自己不会走上管理岗位，这些都是浪费时间。

这种专注让他在技术领域小有成就，但也限制了他的职业发展。当公司选拔部门负责人时，他因缺乏对技术前沿的理解和团队管理能力而错失机会。领导对他说："你在专业技术上表现得非常出色，但团队需要的不只是解决问题的人，更是能带领大家解决更大问题的负责人。"这番话让他意识到，忽视非技术工作的态度阻碍了他的职业成长。

"兴趣"扩展与职业突破

职业发展不仅需要专注于眼前的任务，更需要不断扩展兴趣和探索新的领域。热爱和主动是突破职业限制的关键驱动力。一位学员的经历很好地说明了这一点。他起初从事技术工作，凭借对专业领域的热爱，从设备运作原理到代码优化都能做到极致。他不仅专注于技术工作，还积极参与行业趋势研讨和跨部门协作。在一次项目中，他主动承担技术协调人的角色，不仅帮助团队解决了问题，还通过学习沟通与协作技巧拓展了能力边界。这种主动性为他赢得了更多机会，几年后他从普通技术人员成长为团队负责人。他总结道："职业发展的过程就是扩展兴趣、探索新领域的过程。当你对更多领域产生兴趣时，能力自然会随之增长。"

这种主动扩展兴趣的驱动力同样体现在另一位物流学员的成长经历中。起初，他的工作仅限于安排运输和处理客户问题，他的表现也中规中矩。然而，当他意识到职业发展的瓶颈后，开始主动优化物流流程，设计了一套实时跟踪系统，极大地提升了运输效率。这种创新不仅为公司带来了价值，也让他获得了职业晋升的机会。

这些案例表明，自驱力不仅意味着对当前工作的热爱，更需要主动和探索精神。只有持续扩展"兴趣"，主动承担超出本职范围的任务，让自己"爱上"更多领域，才能真正突破职业发展的限制，实现质的飞跃。

广度与高度的结合

职业发展的关键在于从单一兴趣向多领域探索的转变。仅依赖技术深度或单一技能，可能会导致"成长天花板"的出现。设想一位财务人员，如果他只关注数字分析而不关注市场策略或客户需求，很可能会限制自己的职业发展。而一旦他主动扩展兴趣，学习其他领域的知识，就能更好地理解全局并为胜任更高职位的决策工作做好准备。

自驱力不仅帮助人们拓展技能，更拓宽了职场中的综合视野。例如，另一位财务学员通过研究预算与业务的关系，提出了一些优化建议，得到了领导的高度认可。她后来被邀请参与战略规划项目，最终成长为一名具备全局观的管理者。她的经历表明，自驱力驱动的不仅是专业技能的提升，更是对全局的理解和整合资源的能力。

建立热爱—成长—自主的良性循环

自驱力的核心力量源于热爱、成长和自主，这三者相辅相成，共同构成了职业发展的良性循环。热爱是起点，它为人们注入动力，使日复一日的工作不再只是机械的重复，而是一个逐渐积累价值和意义的过程。当热爱驱动行动时，成长便随之而来。成长不仅是能力的提升，更是视野的拓宽和潜能的挖掘，它帮助人们突破"舒适区"，在不同领域积累经验、面对挑战。而成长的结果又为自主打下基础——自主能够让人在复杂和动态的环境中保持独立决策的能力，同时灵活调整方向，最大化实现目标。

　　这种良性循环在职业发展中起到至关重要的作用。当一个人对工作充满热爱时，他会更加愿意探索更多的可能性。这种探索不仅提升了技能，也为完成更复杂的任务打下了基础。而当能力不断增强时，自主能够让人以更高效、更全面的方式整合资源、应对挑战。这反过来又进一步激发热情，让人在工作中感受到更多的意义和成就感。

　　例如，一位从事专业技术工作的学员以热爱为起点，从钻研技术细节到参与行业趋势研讨，逐渐将兴趣从单一的领域扩展到更多维度。他通过项目中的成长积累了管理经验，最终获得了带领团队的能力。正是热爱引发的成长和成长所带来的自主，让他实现了从普通技术人员到团队负责人的蜕变。

　　再如，一位从事物流工作的学员通过主动优化物流流程提升了运输效率。他的每次尝试都在巩固技能和开拓视野，而这些努力又增强了他对工作的掌控力，使他能够灵活处理突发问题并带领团队实现更高的目标。这种从热爱到成长再到自主的良性循环，不仅让他突破了职业发展的瓶颈，还让他在职业生涯中找到了持续的动力。

　　最终，热爱、成长和自主形成了一个动力不断增强的循环机制：热爱是成长的起点，成长拓宽了视野、提升了能力，而自主则确保了人在复杂环境中灵活应对的能力。这种良性循环让人从单纯完成任务的执行者，成长为能够驾驭全局的领导者，并在工作中获得持久的内在满足和更高的职业高度。

　　当一个人能够主动建立这种良性循环时，他的职业生涯就不再受限于单一技能或狭窄的视野，而是步入持续提升的"快车道"。热爱推动成长，成长增强自主，而自主则反过来进一步激发热爱，这种正向的循环机制将为职业发展注入持久动力，并为个人带来源源不断的机会与成就。

第10章 自驱力与个人生活

10.1 自驱力在人生不同阶段的体现

那些拥有出色自驱力的人，无论处于人生的哪个阶段，都能展现出对热爱、学习、成长和自主的坚持。

一些人在青少年时期就表现出了强烈的自驱力。我一位朋友的孩子是一名中学生，学校的课程安排和作业压力常让许多学生感到枯燥，但他却总能找到学习的乐趣。有一次课后，老师布置了一篇课外阅读文章，他不仅认真完成，还主动查阅相关背景资料，甚至在班会上和同学分享自己的见解。他对知识的热爱驱动他不断探索，不仅在课余时间自学了编程技能，还在学校的一次科技竞赛中脱颖而出。最重要的是，出色的自驱力让他在学业上几乎不用父母"管理"或"辅导"，还收获了优异的成绩。

在大学校园里，自驱力常常是形成学生差距的重要原因。大学生活的自由度很高，拥有自驱力的学生并不会因为缺少约束而懈怠，而是主动寻找成长的机会。他们不仅认真对待学业，还会利用课余时间加入各种社团组织，参加甚至发起公益活动。这些学生的大学时光会比那些没有自驱力的学生所经历的丰富和充实得多。

关于职场中自驱力的表现及重要性，我已经在前面的章节中讨论过，这里不再多说。

我们会沿着人生旅程进入生活的不同阶段。到了为人父母的阶段，自驱力的表现会发生新的变化。我有一位学员在成为父亲后发现，教育孩子的同时，也在教育自己。他主动学习儿童心理学，甚至为此阅读了许多专业书籍。他尝试用新的方式与孩子沟通，尊重孩子的自主性，同时通过自己的行动为孩子树立榜样。他告诉我："自驱力让我意识到，做父母也是一种成长的过程，只有自己不断学习，孩子才会受到真正的启发。"在家庭面临困难时，他总是那个首先站出来寻找解决办法的人。这种热爱和成长的动力，让他在教育孩子的同时，也成就了更好的自己。

到了老年阶段，自驱力依然没有消失。我有一位学员已经退休多年却依然活力满满。他参加了社区的书法班，还学习了一门外语。他说："人生的每个阶段都需要有目标，热爱和学习让我觉得生活始终充满意义。"此外，他还利用自己的空闲时间参加公益活动，为年轻人提供职业建议。他的自驱力驱动他在晚年继续成长，不仅为自己创造了更丰富的生活，也用自己的经验和智慧影响了更多人。

从青少年到老年，自驱力贯穿人生的每一个阶段。它让青少年主动寻找学习的乐趣，让大学生和年轻职场人不断探索成长的可能，让父母在家庭中通过学习和行动创造价值，也让老年人保持对生活的热情和探索。无论身处哪个阶段，自驱力的核心始终不变——它驱动我们去热爱、去学习、去成长，并通过自主掌控自己的方向拓展生命的深度与广度。

10.2　家庭中的能量流动

尽管多数家庭的能量源泉由中年人提供，但幸福家庭中的能量流动则更接近甚至超越组织中的能量流动，因为每个家庭成员都是"电源"。

中年人是家庭的核心

在多数家庭中，中年人是能量流动的枢纽。他们在家庭结构中处于连接两代人的关键位置，既承接了上一代的需求，又肩负着下一代的责任。无论是物质的支持，还是情感的维护，中年人的作用都至关重要。他们的稳定性和自我驱动力直接决定了整个家庭的运作是否和谐、高效。

中年人对老年人的支持更多体现在情感陪伴和心理关怀上。老年人在生活中常常需要子女的关注和理解，这不仅体现在对他们物质上的帮助，更体现在情感上的慰藉。例如，一位学员提到，她的父亲因为退休后感到生活单调而时常情绪低落。起初，她只专注于为父亲安排娱乐活动，但很快发现，这些活动并不能从根本上缓解父亲的孤独感。于是，她尝试与父亲进行更深入的对话，了解他的真实想法，并鼓励他参与社区活动，逐步重建社会联系。通过这种方式，她不仅改善了父亲的心理状态，也让家庭关系更加融洽。

与此同时，中年人还需要对孩子进行教育与引导。他们的行为与态度往往直接影响下一代人的价值观和成长方向。一位母亲分享过这样的经历。她的孩子因为学习压力大而变得焦躁不安，她并没有急于纠正孩子的行为，而是从自身做起，调整家庭氛围。比如，她主动减少在孩子面前提及工作中的烦恼，专注于与孩子一起做一些放松身心的活动。这种改变让孩子感受到了更多的支持与理解，也逐渐恢复了学习热情。图10-1描述了常见的家庭能量流动状态。

此外，中年人的核心作用还体现在他们对家庭的引领能力上。在面对多代人

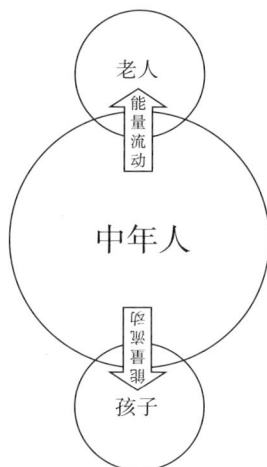

图10-1 常见的家庭能量流动状态

需求的同时，他们需要平衡好自身的压力与家庭的和谐。例如，一位父亲在长时间工作后，仍坚持在家中和孩子一起完成一个科学实验项目，不仅增进了亲子间的互动，也让家庭氛围变得更为融洽。他的努力为家庭注入了正能量，孩子的好奇心和自信心得到了提升，老年人也在其行动中感受到了家庭的团结和温暖。

自驱力对中年人的重要性

家庭中的能量流动状态，体现了自驱力对中年人的重要性。他们不仅需要管理好自己，还需要带动整个家庭的积极氛围。如果没有足够的自驱力，中年人很容易在双重角色的压力下感到疲惫甚至崩溃。

中年人的自驱力，最重要的体现就是能够将责任转化为动力。中年人往往需要面对许多外部责任，只有那些拥有自驱力的人，才能够把这些责任看作一种实现自我价值的机会，而非沉重的负担。一位父亲通过积极参与家庭活动，比如在周末陪孩子踢球、和家人一起烹饪，不仅增进了亲子之间的情感联系，也让家庭成员感受到他的投入与关爱。这种主动承担的态度，反过来成为他从家庭中获取能量的重要来源。

推动自己和家人持续成长的能力，对中年人也至关重要。中年人通过学习和自我提升，不仅在事业上有所进步，也能为家庭注入新的能量。一位父亲在忙碌的工作间隙参加了一门心理学课程，这不仅让他更好地理解了孩子的心理需求，还帮助他在与父母沟通时更加从容和包容。他的成长不仅改变了自己，也成为家庭中其他成员学习的榜样。他的成熟让孩子对学习充满热情，也为老年人带去了更多的安慰与支持。

这种将责任转化为动力、以持续成长为目标的自驱力，是中年人稳定家庭能量流动的重要保障。当中年人能够将这两方面能力融会贯通时，就能够收获更多的自主感，家庭也将因此焕发出更强的活力与温暖。

家庭中的能量流动在本质上是一种动态的循环。中年人通过学习与反思，将家庭的需求转化为自己的成长动力，并将这一能量注入到家庭中，促进老年人和孩子的幸福与成长。同时，来自家庭的爱与支持也反过来成为中年人自我提升的助力。

让每个家人都成为"电源"

人们常常将家视为"充电"的地方，在结束一天的工作或学习后，希望回到家中恢复能量。然而，如果每个家庭成员都像耗尽能量的"电池"，回家后只是期待从家中汲取能量，那"电源"究竟在哪？如果整个家庭经常处于"耗能"的状态，那么迟早会导致家庭关系的失衡与疲惫。

自驱力的作用在于帮助每位家庭成员都成为"电源"。拥有自驱力的人能够通过热爱、成长与自主，为自己持续注入能量，同时为其他家庭成员提供支持。当每个人都带着充足的能量回到家中，整个家庭将始终保持正向循环，成为一个充满活力与和谐的场所。

让我们来看一个"每个人都是'电源'"的家庭，会是多么"能量满满"。

在这个家庭中，父亲的故事最能体现"电源"的意义。虽然工作繁忙，但他并没有将家庭视为单纯的"充电站"。相反，他把家庭看作一个能量的共享平台。他下班后会主动和孩子一起制作创意小玩具，还曾用废旧材料搭建了一座"迷你桥"，一边搭建一边讲解桥梁结构的原理。孩子听得津津有味，渐渐对科学产生了兴趣。而每当看到妻子劳累时，他会通过分享工作中的趣事或做一些小家务来分担压力。通过这些细小的行动，他不仅为家庭注入了活力，也让家人感受到关爱与支持。

母亲则是这个家庭的情感纽带。她通过学习家庭心理学，更加理解家人的情感需求。她会定期与家人分享她的学习心得，帮助家人建立更好的沟通方式。有一次，她用学到的知识策划了一场家庭会议，让大家分享各自的目标与计划。通过这样的互动，母亲不仅让家庭氛围更加和谐，也让每个成员更加主动地参与到家庭的正向循环中。

孩子是这个家庭中的"小电源"。女儿对烘焙充满热情，每周都会尝试新食谱，为家人制作甜点。有一次，她精心准备了一场家庭"甜品大赛"，邀请每位家人参与评选，并在过程中教祖父如何制作他最爱的巧克力蛋糕。这场活动让全家充满欢笑，也激发了家人们对手工制作的兴趣。通过自己的努力，她为家庭带来了快乐和凝聚力，同时也让自己在烘焙方面不断成长。

而祖父用他的方式成为这个家庭的"精神电源"。他喜欢在院子里种植花草，每天早晨都会带着孙女一起浇水、观察植物的生长。他常对孙女说："每朵花都是耐心和爱心的结晶。"在祖父的影响下，孩子学会了细心和耐心，也更加懂得珍惜自然。祖父的乐观态度和健康生活方式也深深感染了家人，为家庭带来了平和与活力。

当每位家人都具备自驱力时，家庭便不只是一个恢复能量的地方，更是一个充满成长动力的空间。这样的家庭不仅彼此支持，还能为每位成员创造成长的机会。孩子在家庭中学会如何探索兴趣、克服困难；父母在陪伴孩子成长的同时，也通过学习与反思让自己不断进步；祖父母则用智慧和关爱为家庭注入平和与温暖。家庭的能量流动因此变得更加丰富和持续。

家庭不应只是"充电站"，而应是一个充满正能量和成长动力的共享平台。让每位家庭成员都成为"电源"，意味着家中的每个人都能够通过自驱力激发内在能量，并将这种正能量传递给其他人。这样的家庭氛围不仅可以减轻中年人的压力，更是每个人的成长乐园。

10.3 自驱力在育儿中的应用

育儿是一场父母与孩子共同成长的旅程。无数家长都希望孩子热爱学习、不断进步，并在成长中拥有自主感。但在实践中，许多家长的做法却反而削弱了孩子的自驱力。过度关注成绩、形式化的努力以及强加的目标，让孩子逐渐失去对学习和生活的热情。要培养孩子的自驱力，父母首先需要以身作则，在热爱与成长中引导孩子找到内在动力。

培养孩子的自驱力：从培养兴趣开始

自驱力的培养始于对兴趣的探索，但这种兴趣并非完全依赖偶然，而是可以通过科学的引导和环境的支持逐步培养的。许多家长在帮助孩子培养兴趣时，容易陷入急功近利的误区，以为短时间内看不到效果便是无用的。然而，兴趣的萌芽需要时间与耐心。

一位家长的经历值得深思。他的女儿起初对编程毫无兴趣，但他发现女儿喜欢拼装玩具，便有意将这类活动与基础编程相结合。父女二人一起搭建简易电路，编写小程序，逐渐激发了孩子对编程的好奇心。父亲并没有强迫，而是通过游戏和互动，帮助女儿将简单的兴趣转化为深层次的热爱。后来，女儿不仅能独立完成小程序，还主动参加了学校的编程比赛。这段经历让父亲深刻体会到：兴趣的培养并非一蹴而就，而是需要家长的耐心引导和积极参与。

兴趣不只由先天决定，很多时候是能够通过不断尝试和引导逐渐形成的。父母的任务不仅是观察孩子的兴趣点，更是通过创造适宜的环境和互动，帮助孩子将兴趣转化为内在驱动力。

家长的自驱力：用热爱和成长带动教育

在育儿过程中，家长不仅是引导者，更是示范者。孩子的成长离不开家长对育儿本身的热爱与成长。一个真正热爱教育的家长，会在过程中不断学习并调整自己的方法，从而获得更好的教育效果。

我的一位学员是一家跨国公司的经理，他在育儿方面非常注重自我成长。起初，他对孩子的学习情况感到非常焦虑，总觉得自己的方法不到位，导致孩子学习兴趣不高。后来，他参加了一些育儿课程，开始学习如何与孩子更有效地沟通。他从传统的"命令式"沟通转变为"引导式"沟通，通过共同阅读、讨论问题，激发孩子的好奇心。孩子逐渐开始主动学习，父子之间的关系也变得更加融洽。他告诉我："通过学习育儿方法，我不仅成了更好的父亲，也感受到了一种在家庭中的成长和成就感。"

家长在教育过程中展现的热爱与成长，能够为孩子提供积极的示范，也让家庭教育更具活力和成就感。

父母的示范作用：言传身教的力量

如果希望孩子热爱学习，那么父母首先要热爱自己的工作。如果希望孩子承担责任，那么父母首先要在家庭中积极承担自己的责任。孩子的行为是父母行为的映射，父母用行动树立榜样，比任何语言都更有力量。

我曾听一位母亲分享过她的育儿心得。她的儿子对整理房间极为抗拒，每次都是敷衍了事。母亲决定从自身做起，她每天认真打扫、整理，并告诉孩子："一个整洁的空间让我心情更好，也让我更有动力完成其他事情。"久而久之，孩子受到了潜移默化的影响，开始主动整理房间，并逐渐体会到成就感。

孩子在成长过程中需要不断模仿和学习，而父母的示范能够为他们提供明确的方向。父母若能在自己的生活中践行自驱力，孩子自然会感受到这种积极的力量。

示范与引导：共同成长的过程

孩子的学习、成长和日常任务就像父母的工作与责任一样。如果父母能够用热爱和自主面对自己的生活与工作，孩子也会用同样的态度去面对学习与成长。父母希望孩子爱学习、重实践，自己也需要做出同样的行动。

一位父亲的故事给我留下了深刻的印象。他在公司是项目经理，回到家则全身心投入到育儿中。他喜欢和孩子一起探索新事物，从搭建模型到种植植物，每次活动都能让孩子感受到乐趣。他告诉我："我希望孩子能从我身上看到学习和探索是有趣且充实的。"这位父亲不仅在育儿中收获了无数快乐，也在孩子心中种下了热爱学习的种子。

父母的自驱力与孩子的成长是相辅相成的。通过共同学习与探索，家庭能够形成积极的学习氛围，为孩子未来的成长奠定坚实的基础。

用自驱力塑造未来

自驱力是育儿中的重要力量。它不仅帮助孩子找到内在动力，也让父母在育儿过程中获得成长和成就感。通过热爱、成长和自主，父母能够为孩子树立积极的榜样，引导他们在学习和生活中不断进步。

一个充满自驱力的家庭，不仅成就孩子的未来，也让日常生活更加充实与幸福。育儿不只是培养孩子的过程，更是家长自我成长的旅程。只有父母用自驱力去引领，孩子才能在未来的道路上，拥有更强大的内心力量。

10.4　将责任内化为热爱：幸福的驱动力

在人生的不同阶段，我们常常会面临许多角色转换，比如从学生到职场新人，从单身到为人父母。这些角色的变化伴随着责任的增多。很多人将责任看作一种外界施加的压力，甚至是一种束缚，但真正拥有自驱力的人，却能够将责任转化为热爱，从而让幸福成为一种强大的驱动力。

责任与热爱并不是对立的。在我们的文化中，"责任"往往与义务、付出甚至牺牲联系在一起，这让许多人对承担责任产生抗拒。而热爱则是一种更为主动的情感状态，是我们愿意投入时间和精力去追求的东西。然而，对于那些真正幸福且自驱的人来说，这两者并不是非此即彼的关系。他们擅长将责任内倾，将其转化为一种对自己角色的热爱。这种转化不仅让他们在履行责任时更加游刃有余，也让他们从中获得了巨大的满足感。

我有一位学员，他是一位企业高管，也是两个孩子的父亲。作为高管，他的工作负荷很重；作为父亲，他需要花时间陪伴和教育孩子。他坦言，在工作和家庭之间找到平衡并不容易，但他选择了一种独特的视角来看待这两种责任。他并不认为家庭是"额外的负担"，也不觉得工作"抢占了陪伴孩子的时间"。相反，他认为，工作是他实现自我价值的重要途径，而陪伴孩子则是他作为父亲不可替代的责任。这种对责任的主动接受和内倾，让他能够全身心投入到每一个角色中。他用心对待每一个客户，也用心倾听每一个孩子的需求；他热爱自己的职业，也热爱和孩子一起完成的小项目，比如搭建一个模型或种植一株植物。这种将责任内倾为热爱的态度，不仅让他的家庭生活更加幸福，也让他的职业生涯更具动力。

另一个例子来自一位医生。在新冠疫情期间，她的工作异常忙碌，不仅要面对超负荷的工作，还要在下班后照顾家中年幼的孩子。起初，她觉得压力巨大，但随着时间的推移，她逐渐发现，自己对病人的关怀以及对孩子的陪伴，都在不断激发她内心的热爱。她意识到，正是这些责任让她变得更加坚强、细腻，也让她从中看到了自己的价值。她将照顾病人和孩子看作一项"使命"，而非单纯的任务或负担。这种转变让她从忙碌和疲惫中找到了深层次的满足感。

热爱并不是天生就有的，它常常需要通过一种有意识的转化来实现。我们对责任的接受程度，以及如何看待这些责任，是转化的关键。如果我们将责任视为外界施加的义务，就容易感到抗拒和压抑；而当我们学会将责任内倾，把它看作一种自我选择和实现热爱的方式时，这些责任就会变成一种推动力，激励我们去努力、去投入、去创造。

将责任转化为热爱的过程，也是自驱力的体现。真正的自驱力不是逃避责任，而是主动拥抱责任，用热爱去激发自己，把那些看似沉重的负担变成一种充实和幸福的体验。对于一个拥有自驱力的人来说，无论是工作中的挑战，还是生活中的责任，都是成长和实现自我价值的机会。

这种能力不仅让我们在生活中更加幸福，也让我们能够持续成长。热爱是幸福的驱动力，而这种幸福感正是通过将责任内倾来获得的。当我们能够用热爱拥抱责任时，就会发现，生活中的每一个角色都变得更加有意义，而我们也在这个过程中成为更好的自己。

第11章　培育热爱

热爱是自驱力的核心源泉，也是推动我们在工作和生活中不断前行的内在动力。然而，热爱并非与生俱来，而是需要我们通过意义的发掘与兴趣的培养去激活的。在这个过程中，我们需要理解热爱从何而来，以及它如何超越物质的追求成为一种精神的支柱。找到并创造出让自己真正热爱的事物，不仅让我们在面对挑战时保持激情，还为生活和工作注入了持续成长的力量。

11.1　发现"兴趣"靠运气，培养"兴趣"才是能力

在我们的生活和工作中，兴趣往往被视为一股强大的内在驱动力。人们常说："找到你感兴趣的事，就不会觉得工作是一种负担了。"但我们是否真的清楚兴趣是如何产生的？人们通常认为，兴趣的发现是热爱的起点。然而，真正驱动我们对一件事产生持久热情的关键并非兴趣的发现，而是兴趣的培养。

发现兴趣带有很大的偶然性，它依赖外部机遇和我们的经历。但培养兴趣是一种能力，这种能力让我们能够主动激发对任务的热情，并将它转化为热爱。如果我们过于依赖"发现兴趣"，一旦遇到困难或不喜欢的事情，就会以"这不是我的兴趣"为借口逃避责任，从而陷入被动循环。而那些拥有培养兴趣能力的人，则会选择在任务中培养对它的兴趣，并在此基础上，激发出真正的热爱。

发现兴趣：一个可能但不必须的起点

发现兴趣的过程往往被视为开启热爱的第一步。很多人通过不断尝试，逐步靠近自己感兴趣的领域。然而，这种发现过程充满偶然性，且依赖外界

的机遇和条件。我们无法设计出精准的路径，只能通过探索来筛选那些让人感到愉悦且愿意投入的事物。

我的一位在科技公司负责项目管理的学员曾分享过她的经历。在大学期间，她对很多领域都充满好奇，但每次尝试后都觉得"这好像不是我喜欢的"。她参加过新媒体编辑社团，但对文字创作不感兴趣；她尝试过社会调研，但对数据分析感到乏味。直到一次偶然的机会，她被邀请协助一个团队完成沟通任务。在这个过程中，她发现自己从协调团队间的冲突和推动任务进展中感到极大的满足。正是通过多次的试探与排除，她逐渐明确了自己的兴趣所在。

这位学员是幸运的，因为她在有限的尝试中偶然找到了兴趣。但无数人都长时间地陷在"发现兴趣"的旅程里，找不到自己真正的兴趣点。

我遇到过很多在职业生涯中感到迷茫的人，他们对所经历过的工作都表示"没有兴趣"。但如果问他们对什么有"兴趣"，他们却回答不上来。多少人都期待通过更换工作找到自己真正感兴趣的东西。但实际上，他们已经陷在"发现兴趣"的旅途中了。

这一切都充分说明，期待甚至依赖兴趣被发现的过程，总体上是被动的。如果想用这种方法找到"兴趣"，就必须像践行果敢力中明确目标那样，既要积极尝试，也要在一定的尝试之后，在有限的选择中，果断选择其中的一项或多项作为自己的"兴趣"点。如果不这样，而是把希望寄托在无尽的"兴趣"发现之旅上，那么我们可能永远也不会找到自己的"兴趣"点，永远都不会热爱。

培养兴趣：让热爱从无到有的能力

相比发现兴趣的偶然性，培养兴趣是一种更为重要的能力。这种能力的价值在于，它让我们能够主动投入到手头的任务中，让任务成为自己的兴趣，并把这种兴趣转化为持久的热爱。

培养兴趣不仅是激发热爱的起点，更是实现热爱的核心动力。兴趣的培养从一件具体的任务或责任开始，无论是职业挑战还是生活琐事，培养兴趣的能力都让我们不再拘泥于任务本身，而是相信能够从任务中获得更多的成长和满足感。

例如，我的一位在跨国制药企业任职的经理学员，在接手市场推广工作后，通过主动投入和持久探索，不仅逐渐发现了其中的价值，还激发了自己强烈的兴趣。他的经历表明，培养兴趣不仅让我们在当下的工作中找到乐趣，更为我们提供了长期热爱的可能。

培养兴趣的能力的另一种表现是它在生活领域中的广泛应用。我的一位学员分享了他的经历。他在陪伴孩子学习时通过尝试用游戏化的方式和孩子互动后，找到了与孩子共同成长的乐趣。这让他在教育孩子的过程充满了热情，并且激发了对家庭责任的全新理解。

培养兴趣的能力贯穿于生活和工作的每个环节。它不仅让我们对手头的任务更加投入，还能让我们将这种投入延伸到更多领域，从而实现从兴趣到热爱的递进。

发现兴趣和培养兴趣表面看似紧密关联，实则逻辑截然不同。发现兴趣是一个外在的、偶然的过程，依赖外界机遇；而培养兴趣是一种内在的、可习得的能力，它帮助我们摆脱对外界条件的依赖，主动激发对任务的热情。培养兴趣的能力不仅是应对挑战的工具，更是热爱的根本源泉。它让我们从具体的任务出发，找到意义与乐趣，最终形成对生活的热爱。

热爱并非一种天赋，而是通过培养兴趣并付诸行动创造的结果。与其被动等待，不如主动让兴趣生长。用培养兴趣的能力让我们对生活和工作焕发出热情，让每次行动都成为成长的契机。

11.2　热爱源于意义

兴趣是激发热爱的基础，但真正的热爱源于意义。热爱是一种深刻的情感，但它的持久性需要由意义来支撑。很多时候，初始的热情会因新鲜感而产生，但这种热情很容易随时间消退，尤其是在面对重复性任务或遭受挫折时。一般的兴趣对热情的维持要比新鲜感更强一些，但只有当我们找到工作或生活的意义时，热情才能转化为持久的热爱，成为自驱力的重要源泉。

靠新鲜感维持的热情难以为继

许多人在接触新事物时，会因未知的吸引力而感到兴奋，但这种驱动往往是短暂的。一位市场部的年轻员工刚加入公司时，每天接触新的项目和客户，这让他充满了动力。他主动参与每一个任务，甚至愿意牺牲个人时间学习更多技能。然而，几个月后，这种动力迅速减退。因为他发现，自己的日常工作不过是重复性的客户沟通和文档整理，既无挑战性也无成就感。他的热情很快被疲惫取代，最终陷入了职业倦怠。他坦言："这些工作刚开始让我觉得很新鲜，但后来变得毫无意义。"

家庭生活中也存在类似现象。一位年轻母亲在孩子出生后，对新生命的到来充满了期待和幸福感，她发誓要用尽全力照顾孩子。然而，日复一日的喂养和陪伴让这种幸福感逐渐被琐碎事务消磨。她开始感到无聊和疲惫，甚至质疑自己的角色和努力。她说："每天的生活看起来毫无变化，自己好像失去了真正的目标。"

在教学岗位上，类似的情况也时常发生。一名初入职场的教师刚开始对教育事业充满了憧憬和热情，她花大量时间准备课程，尝试用创新的教学方式吸引学生的注意。然而，几个月后，她发现日复一日的教学内容变得单调乏味，而学生的冷漠反应也让她感到挫败。她开始怀疑自己的努力是否有价值，甚至觉得教学工作只是按部就班的重复性劳动，无法带来真正的成就感。她说："刚开始，我满怀热情想要成为一名好老师，但很快我就发现，这份热情无法维持。"

没有意义支撑的热情注定难以持久。那位市场部员工因为无法找到工作的意义，逐渐对手头的任务失去兴趣。他开始敷衍了事，完成任务仅仅是为了交差，而不再主动投入。他回忆道："这些工作每天都在重复，但我看不到它们能带来什么真正的价值。"尽管他尝试换部门以寻求新的刺激，但这种改变并未让他感受到满足，因为根本问题未得到解决。

类似地，年轻母亲试图通过调整日程安排、增加孩子的早教活动，来重拾对家庭事务的兴趣。但几次尝试后，她发现这些改变并未触动自己的内心。她坦言："我努力调整自己，但这些事还是让我感到疲惫，好像一切都没有意义。"

而这名教师在一次课堂教学结束后，因学生的冷淡反应倍感挫败。这让她更加坚定了自己的怀疑：这份工作对学生乃至自己是否真的有意义。

用意义将热情转化为热爱

转变发生在他们重新理解自身行动的价值时。那位市场部员工在一次团队研讨会上，听到一位资深同事提到："任何一份小任务都是为了支持整个团队的成功。"这句话让他开始重新审视自己的工作。他意识到，文档整理虽然看似不起眼，却是项目顺利推进的重要基础。从那时起，他尝试将每项任务与整体目标关联起来。他说："当我把工作看作是团队的一部分时，我突然感到自己的任务有了意义。"这一转变让他重新焕发出对职业的热爱。

年轻母亲的改变发生在一次安静的夜晚。那天，她静静地坐在孩子身边，翻看着过去的照片。她想起孩子第一次叫"妈妈"，第一次独自站立时的模样。这些回忆让她深刻意识到，自己对孩子的每份付出不仅是爱与支持的体现，更是孩子成长的关键。她感慨道："这些看似普通的陪伴和照顾，其实是构成孩子安全感的基石。"从那一刻起，她开始将每天的琐碎事务看作是传递爱与意义的重要过程。

对于那位教师而言，她的转变源于一次备课的反思。在准备一节看似平常的课程时，她回忆起自己的学生时代，曾有一位老师的简单引导让她对人生选择产生了深远的思考。她意识到，即使是看似普通的课堂，也可能在学生未来的人生中留下深远的影响。她说："当我意识到课堂的每个细节都有可能成为学生未来的一部分时，我的工作就充满了价值。"从此，她不再期待学生的即时反馈，而是专注于教学过程本身的意义，将热情转化为对教育事业的热爱。

意义才是持续热爱的支撑

意义让热爱不再依赖于外部结果，而是成为一种内在驱动力。那位市场部员工意识到，每一次文档整理都是团队沟通顺畅的重要保障，即便没有直接看到成果，也能感受到自己的贡献。他总结道："当我看清工作的真正价值时，任务便不再单调，而是让我感受到成就感。"

年轻母亲也意识到，日复一日的琐碎付出虽然看似普通，却在传递无价的爱与安全感。她说："我的付出正在塑造孩子的人生，这就是最大的意义。"这种对行动价值的重新解读让她在家庭生活中焕发出新的热爱。

那位教师也同样感悟道："一堂课可能平凡无奇，但正是它们构成了学生未来的一部分。我知道，我的工作不仅在改变知识结构，也在改变孩子们看待世界的方式。"认识到工作的意义让她从枯燥的教学中找到热情，并将其转化为对教育事业的热爱。

热爱并非单纯来自新鲜感，而是由意义滋养出的深层情感。意义让我们的努力和付出更有价值，并为行动赋予方向。它不仅存在于特殊的事件中，还蕴藏在日常的点滴中。通过观察、反思，我们能够在每次行动中找到内在价值，从而让热情转化为持久的热爱。找到意义，就是找到热爱的根源，而这根源将成为自驱力最强大的支撑点。

11.3　意义是超越有形物质的精神追求

意义是什么？许多人在探索生活和工作的意义时，常常将其与名利、成就或外界认可混为一谈。然而，真正的意义不是这些外在成就的附属品，而是一种内在的觉知，即我们对自身行为价值的深刻理解。意义超越物质层面，不依赖外界环境或他人的反应，它是精神层面的追求，能赋予我们的行动以持续的动力和深远的价值。

意义与外在成就的迷思

很多人误以为意义等同于成功或他人的认可，而一位市场营销经理的亲身经历，恰好能让我们看清这种误解。他在职业初期全力以赴，目标是快速获得晋升。几个月后，他如愿以偿，获得了更高的薪酬和职位。然而，短暂的兴奋之后，他发现工作变得枯燥乏味，内心感到深深的空虚。他回忆说："我以为升职会让我觉得自己有价值，但实际上，获得这些之后，我的满足感很快便消失了。"

无论选择何种职业，意义的缺失都会导致内心空虚，而意义的发现往往始于对现状的反思。这种反思让许多人最终找到了超越外在成就的内在价值。一位职场精英曾感慨道："我以为为家庭赚取财富就是在尽责任，但我从未真正参与他们的生活。"他意识到，真正的责任不仅在于物质的提供，更在于情感的联结与陪伴。

相反，一位山区教师的故事则展示了完全不同的视角。尽管她的收入微薄，工作条件简陋，但她始终对教育事业充满热爱。她说："我教的课程可能很简单，但它们是孩子们接触世界的第一扇窗。这让我觉得，我的工作是无可替代的。"她的意义感来自对教育本质的认同，而非外在的物质回报。正是这样的信念为她的工作注入了源源不断的动力。

这些例子表明，外在的成就可能带来短暂的满足，但无法提供内在的力量。意义的力量在于，它源于我们对行为价值的内心认同，而非外部的评价或物质的衡量。

意义的内在性与精神特质

真正的意义是内在的，它来自对自身行为和目标的主动赋值，而不是他人的认可或结果的反馈。一位医生在艰苦条件下工作多年，他曾分享自己的体会："我选择这份工作，是因为我相信每一份努力都在捍卫生命的尊严。这种信念让我无论结果如何，都感到安心。"对他来说，意义并不依赖患者的反馈，而是来源于他对生命价值的深刻理解。

一名志愿者的经历进一步佐证了这个观点。一名长期参与灾区援助工作的志愿者提到："我坚持做这些事情，是因为我相信帮助他人是对社会的责任，而我愿意承担这份责任。"她的意义感并不建立在受助者的感激上，而是来自内心的使命感和价值观的共鸣。

而一名设计师的故事则体现了另一种转变。他曾因过度迎合客户需求而感到创作灵感枯竭。他说："我以前总是想着如何让客户满意，结果工作变成了机械的重复。但当我开始用自己的方式去诠释设计时，我找回了那种内心的满足感。"意义的力量让他从"被动迎合"走向"主动创作"，从而焕发了新的热情。

这些案例共同指向了意义的核心特质——它并不依赖外在的环境，而是通过自我觉知和主动赋值形成的内在驱动力。

名利与意义的根本区别

名利和意义的区别在于，名利是一种外部的衡量，往往依赖环境和他人的反应；而意义是一种内在的觉知，能够独立存在。一位企业家在事业取得显赫成就后坦言："我拥有了所有的物质财富，但依然觉得缺了点什么。我不断问自己，我做这一切到底是为了什么？"他的迷茫并非因为名利的匮乏，而是内心缺乏对意义的认同。

与之形成对比的是另一位公益组织的创始人。他在多年的工作中感受到了强烈的意义感："我们推动的每一个项目都在改善社区的生活条件。我坚信这些努力是值得的，是有意义的，即使过程充满挑战。"他的信念驱动他克服困难，因为他从行动中获得了内在的满足，而不是依赖外界的反馈。

意义的普适性

意义不仅属于伟大的事业，也存在于日常生活中，一位父亲在日复一日的家庭生活中找到了独特的意义。他说："每晚陪孩子读书，或只是听他讲学校的趣事，我都觉得自己的存在是重要的。这让我感到安宁和幸福。"他的意义感源于自身对父爱的理解，而不是外界的评价。

相反，有些人在看似成功的生活中却因缺乏意义感而感到空虚。一位高收入的职场精英因为长期忽略家庭关系，最终失去了与孩子的亲密感。他坦言："我花了大半生追求外界的认可，却忽略了家人。我知道，这种成功并不是真正的幸福。"

真正的意义能够穿越物质和外界条件的限制，在内心深处建立一种持久的力量。这种力量能够帮助我们找到人生的方向，战胜外部困难，并在平凡中找到持续向前的动力。

意义是持久热爱的根基

意义是一种超越有形物质的精神追求，它赋予我们的行动以方向和价值。它不依赖外部条件，而是源于我们内心的认同。意义是热爱的根基，它不仅能够帮助我们克服外部困难，更能让我们在平凡中找到坚持的动力。

当我们找到真正的意义时，无论外部环境如何变化，内心都会充满力量。这种力量让我们保持热爱，持续成长，也让我们的生活充满价值。当意义成为我们生活和工作的核心指引时，我们所做的一切都会焕发出新的光彩，这正是自驱力的真正源泉。

11.4 为生活和工作赋予意义的方法

意义并不是外界赋予的，而是内在探索和实践的结果。以下是几种寻找意义的方法，通过案例展现不同路径如何引导人们重新燃起对工作和生活的热情。

反思价值观和信念：找到行为的内在驱动

一位小学教师起初对职业充满激情，但几年后，她发现自己每天的工作逐渐变成了一种机械性的重复工作。这令她感到迷茫，直到一次职业培训中，她被问到："你的工作对学生意味着什么？"这个问题促使她反思自己的价值观。她意识到，虽然自己教授的课程内容简单，但却是孩子们接触世界的一扇窗。

这种反思帮助她找到了行为的内在驱动。通过写下自己的核心价值观，比如"帮助他人""传递知识""创造影响"，她发现教学并不仅仅是完成任务，而是通过自己的努力，赋予学生探索世界的能力。于是，她开始有意识地将自己的价值观融入课程设计，为学生创造更多有趣的学习体验。正是这种内在驱动，让她对教学焕发了新的热情。

转换视角：重新审视任务的价值

许多工作看似琐碎，但每一项任务都可能隐藏着其独特的价值。一位流水线工人对每天装配零件感到厌倦，认为这项工作毫无意义。直到有一天，他参加了一次生产流程培训，老师提到："每一个环节都是最终产品质量的关键。"这句话让他重新思考自己的角色。

他尝试从两个问题入手：第一，"我的工作对谁重要？"他发现，装配的准确性直接决定了产品是否能够通过最终检测；第二，"我的工作对其他环节产生了什么帮助？"他意识到，他的努力是整个生产链顺利运转的保障。从此，他不再将工作视为单纯的任务，而是看成一种对客户和团队负责的表现。这种视角的转换让他重新燃起了对工作的热情。

联结更大的目标：让个人行为融入宏观愿景

一位母亲因家庭琐事而感到疲惫，认为自己的生活被琐碎事务填满，没有成就感。在一次与朋友的谈话中，她听到一句话："家庭是孩子的第一所学校。"这让她意识到，家务虽然琐碎却是培养孩子生活习惯和责任感的重要部分。

她开始尝试从更长远的目标看待日常事务。例如，准备一顿饭，不仅是为了填饱肚子，也是为孩子创造与家人交流的机会；陪孩子完成作业，不仅是帮助孩子完成学业任务，更是在培养孩子的学习态度和自主能力。这种联结更大目标的做法让她重新定义了琐碎事务的意义。家庭事务从负担变成了她实践育儿理念的途径，疲惫感也随之减轻。

主动创造体验：让任务成为自我表达的方式

一位客服专员曾觉得自己的工作枯燥而无意义。他的任务主要是接听电话和解决客户问题，但这种高度重复的劳动让他失去了动力。在与资深同事的交流中，他听到对方的一句话："客户可能会忘记我们的解答，但永远记得我们带给他们的感受。"这句话让他对这份工作产生了全新的想法。

他尝试在每次对话中融入更多的真诚和关怀。比如，他用简洁温暖的语言解决问题，同时记录每天的亮点与反思。渐渐地，他发现自己的工作不只是完成任务，而是通过互动为客户带去积极的感受。这种主动创造体验的方式让他从机械化的操作中跳脱出来，找到了一种充实的职业成就感。

通过学习寻找意义：把日常行为与未来成长联系起来

一名职员因工作单调而感到迷茫。他觉得自己的日常任务并无意义，只是完成了上级的安排。在一次自我反思中，他尝试将任务与学习结合起来。例如，他在整理数据时，不仅关注任务的完成，还学习新的数据分析工具，并从中获得了成就感。

他逐渐养成了总结每天学习收获的习惯，比如"这项任务教会了我如何更高效地组织数据"或"与部门同事的合作让我学到了新技巧"。通过将任务转化为学习的机会，他不仅找到了意义感，还为职业发展积累了更多技能。

意义感并不是外界的赋予，而是一种内在的自我觉察和实践。通过反思信念、转换视角、联结愿景、创造体验和持续学习，我们可以在看似平凡的工作和生活中找到属于自己的意义。

正如一位学员所说："我以为为家庭赚取财富就是尽责任，但我从未真正参与他们的生活。"当他开始将家庭责任视为自我表达和价值实现的一部分时，意义感也随之而来。

寻找意义是一个人对自身与世界关系的重新定义。当我们从外界的评价中抽离，将焦点放在自己的价值观和信念上时，每一个平凡的日子都可以变得不同。找到意义，就是找到了通向热爱的道路。

第12章 持续成长

成长是人生的永恒主题，它不仅是能力的提升，更是内在力量和自信心的积累。在职业生涯和日常生活中，成长往往以两种形式呈现：一是"秀本事"，通过展示才华和价值，收获良好的自我感受；二是"长本事"，通过不断学习和实践，积累新的技能与经验，收获不断增加的自信。

成长并不仅仅是一个单向的积累过程，而是一种双向的提升："秀本事"让我们的才华在现实中得以施展，那种才华被认可、被发挥的满足感，是精神追求和人生意义在能力层面上的具体表现；而"长本事"让我们的内心变得更强大，自信心随之增强，更敢于行动，在面对挑战时也能更从容地应对。

12.1 成长的内涵："秀本事"和"长本事"

成长是一种内外兼修的过程，它既包含能力的外显，也需要能力的积累。从成长的角度来看，"秀本事"与"长本事"是相辅相成的。前者是通过展示才华，在实践中验证能力并获得反馈；后者则是通过学习和反思，不断拓展技能边界。两者共同构成了成长的完整路径。

然而，在现实中，许多人在成长的起点便止步于"秀本事"。他们不仅会为自己不去努力找出各种理由，还会认为只要自己"出手"，就能表现得比别人更好。"非不能也，是不为也"是他们的座右铭。但事实上，由于从未付出全部努力，他们的能力也就从未得到过验证。他们中的很多人其实活在自己的能力假象中，对自己的真实能力并不了解。

"秀本事"：成长的起点

"秀本事"是成长的第一步。只有通过全力以赴地展示能力，我们才能获得真实的反馈，发现自己的潜力与不足。那些如图 12-1 所示的持有"非不能也，是不为也"信念的人，常常因不愿"秀本事"而让自己难以拥有成长必需的善意的学习环境，也无法获得对自己的准确认知。

图 12-1 不"秀本事"的"非不能也，是不为也"心理

例如，一位工程师在团队中总是刻意避开核心任务。他的理由是"条件不够理想，做差了别人会认为是我能力不足导致的"。因此，在资源稍显不足时，他便推托任务，甚至主动放弃表现机会。他虽然坚信自己"只要条件足够，就一定能做好"，却始终未在实践中验证过自己的能力。这种思维让他逐渐被团队边缘化，甚至失去了存在感。

相比之下，一位市场营销新人却展现了截然不同的态度：在策划活动中，他主动承担了一个并不复杂的任务，不仅尽全力完成，还融入了自己的创意。尽管方案并不完美，但他展示出的热情和行动力赢得了团队的认可。

领导因此为他分配了更多的项目机会，并引导他在后续任务中不断提升能力。通过这次主动展示才华，不仅让他获得了能力反馈，也为未来的成长奠定了方向。

"秀本事"的核心在于行动。它要求我们在现有条件下全力以赴地展示现有才华，而不是一味等待时机成熟。在困难情境中"秀本事"更是对自己能力的全面考查，有利于收获对自己能力的全面准确认知。那些挑剔条件、不愿努力的人，容易陷入能力假象；而那些用心对待每一次任务的人，则能通过实践为自己争取更多的成长机会。

"长本事"：能力积累的关键

如果说"秀本事"是成长的起点，那么"长本事"就是成长的核心。它强调通过学习、实践和反思，不断拓展技能边界。然而，有些人因为缺乏目标或动力，往往在日常工作中机械地完成任务，忽视了学习与积累的重要性。

例如，一位行政助理每天按部就班地处理文档和表格，从未尝试学习新工具或优化流程。他虽然对自己职业发展的停滞感到不满，却总是认为"等升职了，我自然会学习那些高层次的技能。"这种心态让他长时间做着低水平的重复性工作，不仅没有积累新的技能，反而在团队中逐渐失去了竞争力。

与之形成对比的是，一名初级工程师在完成基础任务后，主动学习新技术，并利用所学优化了团队的开发流程。他的努力不仅缩短了团队的开发周期，还为自己争取到了参与更多复杂项目的机会。通过不断学习新技能、积累经验，他逐步成长为团队的核心成员。

由此可见，"长本事"需要主动性和持续努力。那些满足于机械地完成任务的人，往往会因能力不足而被淘汰；而将每个任务视为学习机会的人，则能不断拓展自己的能力边界，为未来创造更多可能性。

"秀本事"与"长本事"的动态关系

"秀本事"与"长本事"之间存在一种动态关系。前者为后者提供反馈与方向，后者为前者奠定信心与基础。成长的过程，正是通过两者的交替循环实现的。

例如，一位设计师因担心被客户否定，始终不愿在会议中分享自己的创意，结果在团队中逐渐失去了存在感。而另一位资历相似的设计师则在每次会议中积极展示自己的方案，尽管初期屡次遭遇否定，但他通过客户的反馈不断优化设计，最终获得了客户的认可。这种正向循环让他从不断的展示中发现成长需求，再通过学习弥补不足，最终实现能力的提升。

成长的关键在于打破固定的思维模式。只有通过不断展示能力，才能发现自己的不足；只有通过持续积累，才能为下一次展示做好准备。这种螺旋式的提升，正是成长的核心逻辑。

成长的螺旋式提升

成长始于行动。"秀本事"是第一步，它要求我们在每一个任务中全力以赴，用行动打破条件的束缚；"长本事"则是持续积累的过程，通过学习和实践不断提升能力。两者相辅相成，形成了成长的螺旋式提升。

那些不愿展示才华的人常常困于对条件的苛求或能力假象，最终止步不前；而那些敢于行动的人则能通过实践与学习，持续推动自身成长。在成长的道路上，勇于"秀"是起点，而踏实"长"则是根本。成长需要我们突破心理和思维的束缚，在行动中不断挖掘自己的潜力。

12.2 以"秀本事"收获满意并奠定成长之基

在深感自己"怀才不遇"的那段职业生涯里，我常常不愿去努力完成工作。在我的眼中，那些工作"不值得我去做"。而且我觉得，只要自己愿意去做，一定能比别人做得更好。

这是一种自认为有才华但"懒得"去用的心态，就像一个自认为有才艺的人不愿意上台表演一样。这种心态在职场上非常普遍，让我觉得除了用"秀本事"这个词来形容，没有其他更好的选择。

"秀本事"的含义很简单，就是把自己的本事在能够反映其水准的工作中展示出来。意识到这一简单做法的价值和重要性，对一个人的职业发展非常重要，这也是培养自驱力的重要方法之一。很多人在职场上不愿意"秀本事"，并不是因为缺少展示才华的机会，而是因为缺乏自驱力。同时，他也没有意识到，不"秀本事"可能会对自己的成长和职业生涯产生很大的负面影响。

用"秀本事"为自己创造善意的学习环境

"秀本事"是成长的起点，是一个人通过实践明确自身能力、发现潜力并获得反馈的过程。这不仅是一种能力的展示，更是一种主动探索与自我验证的机制。许多人之所以在职业生涯中止步不前，不是因为外界条件不足，而是因为他们缺少通过完成有难度的工作来"秀本事"的行动，缺乏准确了解自己能力状态并以此为基础持续成长的自驱力。

例如，一位自视甚高的项目经理在承接一个跨部门合作项目时，以"资源不够""时机不对"为借口推掉了项目。实际上，那些借口并不成立。真正的原因是他缺乏让自己付出努力的自驱力。他一直活在自己"才华横溢但环境不佳"的假象中，却从未通过实践验证过自己的真实能力。这种思维模式让他停滞不前，也使其能力的边界始终模糊不清。

如果一个人不知道自己当下的能力水平，也就失去了继续提升的基础。我们对自己能力的认知必须用行动去校准。

相比之下，另一位项目经理在类似的情境中选择了主动承担任务。尽管资源有限，他仍全力以赴完成了项目，并通过实践发现了自己在团队协作中的优势。那次"秀本事"让他明确了自己的能力状态，并为后续的成长打下了基础。通过行动验证能力，他找到了成长的方向，也增强了自信。

"秀本事"的特别价值在于，通过将能力应用于实践，尤其是具有足够难度的工作中，我们就能够为自己创造一种善意的学习环境，从而获得对于我们能力的及时、准确的反馈，帮助我们准确地了解自己的能力状态，发现真实的短板与优势。这种清晰的认知是我们"长本事"的基石。

通过"秀本事"收获自信与满足感

"秀本事"是才华在实践中的绽放，这种全力以赴的行动能够积累内心的自信与满足感。当我们将才华投入到实际工作或生活中，那种全情投入的体验常常会带来充实的喜悦，让人由内而外焕发光彩。

自信源于行动及其所创造的成功的积累。每一次用心完成的任务都是对自我能力的强化和确认。例如，一位教师在设计课程时，即使内容再基础，也会尝试用最有趣和最生动的方式呈现。因为她发现，每次的全力投入都让课堂效果更好，而她也因此更有信心去尝试新的教学方式。这种自信的建立不是因为外界的评价，而是源于她在每次教学中的努力和尝试。

满足感则来自才华在实践过程中的应用。以一位园艺师为例，她专注于庭院设计，从植物的搭配到每一片草坪的修剪，她都一丝不苟、全情投入。她坦言，在设计过程中，自己体会到了一种宁静和喜悦。这种满足感来自她与自然之间的互动，也来自才华被激活后内心的充盈。

同样，一位写作者每天记录生活中的点滴，将写作视为一种与自己对话的方式。在写作中，她找到了整理思绪、梳理感情的渠道。尽管这些文字未被分享，但她依然感受到了其中的价值。她说："每次写作，都是一次对自己的发现。这种满足感无关他人，只属于我自己。"在她看来，写作的意义在于能够让她在语言中感受到思想和感情的重量。

"秀本事"的过程也往往伴随着专注的体验。一位手工艺人在制作作品时会全神贯注于每一个细节，将每一针每一线都视为对自己的承诺。尽管作品可能并不完美，但她从过程中感受到了一种深深的满足感。这种心流的体验让她感到才华在行动中得到了最大的发挥，而这种体验本身就足够令人喜悦。

"秀本事"让内心变得丰盈，每一次行动都在积累自信。才华的展现不是为了证明给他人看，而是在实践中感受到自己努力的价值。这种纯粹的满足感和自信成为推动成长的核心动力，每一次全力以赴的努力都为未来打下了坚实的基础。

"秀本事"对增强自驱力的价值

"秀本事"并非仅仅是才华的外显，更是一种内在驱动力的启动过程。通过在实践中展示能力，我们不仅可以发现自己的真实水平，还能够积累行动并积累经验。这种过程形成了一个动态循环：通过"秀本事"建立自信，自信激发更多行动，而行动则进一步增强自驱力。

"秀本事"带来的自信，会反过来增强行动的意愿。每一次才华的外显都会让我们发现努力的价值，并激发进一步尝试的动力。以一位年轻厨师为例，他在尝试创新菜品时，将自己的理念融入到传统配方中，尽管初次试验的结果并不完美，但他从中感受到了创造的乐趣。通过持续的尝试，他逐渐将这种创造力与实践结合，最终设计出了独具风格的菜品。每一次"秀本事"都让他更愿意面对挑战，而这种意愿又促使他持续探索。

自信与行动的循环，最终推动了自驱力的持续增强。当我们通过"秀本事"积累信心，并敢于迎接更多复杂任务时，便逐渐形成了自发行动的能力。例如，一位营销人员在连续几次成功策划活动后，主动接手了一个跨部门的大型项目。这种主动性不是源于外界的要求，而是他通过"秀本事"逐渐培养出的对自我能力的信任和期待。他发现，自己越愿意行动就越能在行动中找到更多提升的机会。

"秀本事"的动态循环是一条不断突破自我、挖掘潜力的路径。通过每一次才华的展示，我们逐步发现自己的能力边界，并为进一步的成长奠定基础。这种循环不仅让我们更有勇气面对未知，还让我们在实践中找到内心深处的满足感和价值感。"秀本事"不是单一的行为，而是开启自驱力的核心环节。

12.3 "长本事"拥有更多选择和自主能力

"长本事"是一个从内而外增强自我的过程。通过"长本事"，人们不仅能够积累技能和经验，还能逐渐打开选择的大门，并收获更大的自主权。这种能力上的提升让我们不再局限于既定的道路，而是能够主动选择自己的方向。这种通过"长本事"获得的自由感是自驱力的重要来源之一。

"长本事"拓宽选择的可能性

"长本事"首先表现为能力的提升，而能力的增强直接决定了我们在工作和生活中的选择范围。一位初入职场的员工或许只能接受有限的岗位分配，但随着技能的增长和经验的积累，他可以主动选择更高价值的项目，甚至为自己规划职业方向。

例如，一位软件工程师在最初只能完成基础的编程任务，但通过自学新技术和优化代码的实践，他逐渐拥有了设计项目架构的能力。几年后，他不仅能选择与核心技术相关的岗位，还能够参与企业技术决策。他通过"长本事"突破了岗位的局限，从被动接受任务变成主动创造机会。

没有"长本事"的人往往只能被动地接受环境的安排。他们能力有限，因此选择余地狭窄，甚至会被迫接受与个人意愿不符的任务。这种局限性不仅束缚了他们的职业发展，也让他们的自主权大打折扣，让他们的自驱力变得更差。相比之下，"长本事"带来的能力扩展，为人们提供了更多选择的自由。

选择赋予自主权

当选择增多时，自主权便成为"长本事"的自然结果。能力的增强让我们能够更加从容地规划自己的生活和工作，而这种掌控感直接增强了我们的行动意愿和自信。

例如，一位自由职业者通过持续提升写作技能和拓展行业知识，逐渐能够选择自己喜欢的合作项目，而不必接受任何委派。她说："当我发现自己可以决定接下来的每一步时，那种自由感让我充满了动力。""长本事"赋予她的自主权，让她在每一个选择中都更加自信，也更有目标感。

自主权并非外界赋予的，而是通过"长本事"争取来的。那些缺乏能力积累的人，即使面对一些机会，也可能因为技能不足而被迫放弃。而有能力的人，则能够自信地掌控自己的方向，选择最适合自己的道路。

自主权激发行动意愿

拥有选择权和自主权不仅让人感受到自由，还能直接激发行动的动力，并进一步增强自驱力。当我们能够决定自己做什么、如何做时，行动的阻力就会大大减少。这种自由感和掌控力让人们更愿意主动尝试、迎接挑战。

例如，一位市场营销经理通过不断积累策划经验，逐渐能够自主负责高层次的品牌项目。在一次品牌推广活动中，他主动设计了全新的营销策略，并成功带领团队超额完成任务。这种主动性并非源于外界的压力，而是因"长本事"让他更有信心面对挑战，从而自发推动了更多行动。随着每一次成功，他对自我能力的信任逐步加深，自驱力也得到了进一步的强化。

反之，如果缺乏自主权，人们往往会感到被动和无力。这种状态不仅会限制自身行动意愿，还会让人逐渐丧失对"长本事"的兴趣。"长本事"带来的自主性是打破这种消极状态的关键。当行动意愿与自驱力形成正向循环时，人们会发现自己更愿意付出努力，从而不断推动成长。

"长本事"的动态循环：增强自驱力

"长本事"、选择、自主和行动之间，存在一种动态的良性循环。"长本事"提升能力，能力拓宽选择，选择带来自主，自主激发行动，行动则进一步增强自驱力，并推动新一轮的"长本事"。

相反，停滞不前的人往往因为缺乏"长本事"而陷入被动。他们的能力不足以支持更多选择，因此自主性受限，行动意愿减弱，最终形成消极的循环。而"长本事"正是打破这种僵局的关键。

"长本事"的意义不仅在于能力的提升，更在于为自己争取更多选择权和自主权。这种内在的自由感是自驱力的重要支柱。通过"长本事"，我们能够更从容地进行选择，更自信地规划未来，并在行动中不断提升自我。

那些在每一次任务中都积极积累技能和经验的人最终会发现，"长本事"带来的不仅是更大的自由，还有内心更强的力量。这种力量让我们在面对挑战时依然充满勇气，也让我们在每一步行动中找到意义。由此可见，"长本事"是通向更多自由和自主的必经之路。

12.4 如何在点滴工作和生活中成长

成长不是一次性的飞跃，而是通过点滴积累实现的螺旋式上升过程。在日常工作和生活中，每一个任务、每一次挑战都蕴藏着成长的契机。通过明确目标、聚焦解决问题、善用反馈和培养积极心态，我们可以在每一个细节中培养自己的能力，从而实现长期的进步和提升。

明确目标：从小处着眼，聚焦价值

成长始于明确的目标，而目标的核心在于找到工作和生活中的价值。目标并不一定要宏大，相反，从小处着眼往往更能带来实际的成长。

例如，一位初入职场的行政助理，在日常整理文件时感到枯燥乏味。但她试着为每项任务设定小目标，像是如何让文件归类更直观？如何通过优化流程为团队节省时间？通过这些小目标她发现，日常琐事其实是锻炼逻辑和组织能力的好机会。几年后，她因为对细节的精准把控，成功晋升为项目经理。

相比之下，另一位助理在相同的岗位上却始终将工作视为纯粹的例行公事。他认为自己需要的是更重要的任务，而不是这些"低级别"的工作。结果，几年后，他的能力不但没有提升，反而阻碍了他的职业发展。

只有明确目标，我们才能拥有对其赋予意义的基础，也才会有成长的方向。无论工作规模如何，每一次目标的达成都将成为成长的里程碑。

聚焦解决问题：从实践中学习与成长

在成长的道路上，问题是最好的导师。每一个问题都是一次检验现有能力、拓展新技能的机会。聚焦问题本质，找到有效的解决办法是成长的必经之路。

例如，一名软件工程师在开发一款新产品时，遇到前所未有的技术瓶颈。

团队对解决方案的意见分歧较大，但他坚持从实际需求出发，提出了一套优化的算法方案。尽管初期他花费了大量时间反复测试，但最终这一方案极大地提升了产品性能。通过这个过程，他不仅解决了具体问题，还在算法优化方面积累了宝贵的经验。

相比之下，一些人在面对问题时更多地选择回避，或者将责任推给外部环境。一名市场专员在活动策划中，因预算不足而放弃了创新方案，最终活动效果平平。她坦言："当时我并没有认真思考如何利用有限资源实现最大化效果，只是想着在这种条件下，失败也不是我的责任。"这种回避心态最终导致她错失了通过实践提升自己的机会。

聚焦解决问题的意义在于，它能够让我们通过针对性地"秀本事"，了解自己的能力状态或边界，并通过解决问题积累经验、提升能力。无论问题大小，每一次面对与解决问题的过程都是成长的有效途径。

善用反馈：创造积极的学习循环

成长的另一个关键在于如何利用反馈，尤其是在善意的学习环境中。反馈不仅是来自于他人的评价，也是我们自己对结果的观察与反思。善用反馈，让我们更精准地了解自己的不足之处与改进方向。

例如，一位年轻的项目经理在一次产品发布会上，因为时间管理不善导致项目进度延迟。会后，他主动请教团队成员，并认真听取意见，从中总结出改进的三个关键点：提前规划细节、加强部门协调、优化沟通效率。在下一个项目中，他严格按照这三个关键点执行，项目不仅提前完成，还超出了客户的预期。这种通过反馈优化能力的过程极大地提升了他的成长速度。

在这个过程中，果敢力的应用至关重要。果敢力倡导目标明确、积极主动、想方设法，尤其是在面对挑战时，践行"不尽全力不罢休"的理念。通过这种态度，我们能够为自己创造善意的学习环境。这种环境能够帮助我们在复杂情境中快速获得及时、准确的反馈，从而为成长提供有力支持。

例如，一位销售主管在与一位难以沟通的客户合作时，坚持积极主动，明确目标，通过不断调整策略与方案，最终赢得了客户的信任。她在事后分析这次经历时总结道："正是因为当时我全力以赴去应对挑战，才能获得如此多有价值的反馈，这些反馈让我清晰地看到了自己的问题与改进的方向。"

善用反馈并结合果敢力，让我们在每一次行动中汲取成长的力量，逐步实现能力的提升和自信的积累。

培养积极心态：将挫折转化为成长动力

成长的路上充满了挫折，但挫折并非失败，而是一次重塑自我的机会。积极心态的培养，能够让我们在挑战中发现新的可能。

例如，一位应届毕业生连续多次在面试中遭到拒绝，逐渐对自己产生了怀疑。然而，她没有因此放弃，而是用心分析失败的原因。她调整了简历结构，加强了自我介绍的练习，并主动学习新的专业技能。终于，在一次关键面试中，她表现出色，成功获得了一个令自己满意的工作机会。她说："之前的挫折让我明白，不是自己不行，而是当时还没有做好充分的准备。"

培养积极心态的关键在于将每一次挫折视为成长的养分。用心总结教训并不断调整策略，是成长中不可或缺的一部分。

有关培养积极心态的更多做法，还可以参见果敢力中与复原力相关的内容。同时，我们也可以看到果敢力与自驱力在促进成长方面的紧密关联。

从点滴中实现螺旋式成长

成长从来不是一蹴而就的，而是由一个个细节、一项项任务积累而成的螺旋式上升过程。在这个过程中，我们要做到：明确目标，让每项任务充满意义；聚焦解决问题，在实践中积累经验；善用反馈，通过果敢力为自己创造善意的学习环境；培养积极心态，将挫折转化为动力。

成长不是为了一时的成就，而是让我们在生活和工作中，活得更加充实、更有力量。每一个微小的努力，都会成为未来成功的基石。通过日复一日的坚持，我们终将收获一个更强大、更成熟的自己。

第13章 赢得自主

自主是每个人追求的理想状态之一。在充满压力和复杂性的现代社会，自主不仅是一种选择的自由，也是一种行动的能力，更是一种创造人生意义的力量。而真正的自主不是来自外界赋予的条件，而是源于个人内在的热爱和才华。

热爱赋予我们动力，让我们愿意为目标全情投入；才华赋予我们能力，使我们在追求目标时游刃有余。当热爱与才华相辅相成时，自主便不再只是表面的独立，而是深层次的自我实现。这种自主不仅让我们拥有更多选择的可能，还能帮助我们更自信地面对生活中的挑战，在复杂的环境中创造属于自己的路径。

然而，自主并非是一蹴而就的，它是通过持续的努力、不断的选择和经验的积累而形成的。热爱让我们在追求自主时充满激情，而才华让我们的选择更加有效和精准。在这个过程中，自主并不是终点，而是一个助推器，它帮助我们在热爱中成长，在成长中探索更深层次的热爱。

在本章中，我们将探讨热爱和才华如何成为自主的基石，以及如何利用自主进一步增强热爱与成长。这不仅是一个个人成长的旅程，更是一个将内在力量转化为外在成就的过程。通过真实案例与理论分析，我们希望为读者提供灵感，让每个人都能找到自己的自主路径，赢得更充实、更幸福的人生。

自主，不是远方的梦想，而是你随时可以开启的旅程。

13.1 热爱和才华是自主的基石

自主的本质是一种源自内在力量的自由选择。这种选择不仅意味着摆脱外界的束缚，更是一种能够掌握人生方向的能力。然而，自主并非凭空而来，它的基石是热爱与才华。热爱是能量的来源，它让我们愿意主动追求目标；才华是实现的支撑，它使选择不止于愿景，而能付诸实践。

热爱提供内在能量

热爱是一种自然涌现的驱动力，它让我们愿意投身于某件事，并为之付出时间和努力。一个人对某项工作、爱好或目标产生热爱时，往往会在实践中感到快乐和满足。这种积极的情感体验，能够抵御外界的压力与干扰，让人愿意在艰难时刻依然选择坚持。

我曾遇到一位学员，他是某大型科技公司的一名产品经理。在一次交流中，他提到自己最初对工作并无特别的感情，但在参与一个智能设备的开发过程中，他被产品设计和用户体验的微妙之处深深吸引。后来，这种兴趣逐渐演变为热爱，让他自愿承担更多挑战性任务，比如跨部门协作和行业发展趋势研究。

然而，这些任务的进展并非一帆风顺。他所在的团队在初期开发中多次遇到技术瓶颈，设计方案也频繁遭到市场团队的否定。在资源有限、时间紧迫的情况下，他的团队甚至一度被要求缩减项目规模。但正是对智能设备开发的热爱，让他能够保持专注，带领团队重新梳理设计逻辑，与市场团队展开数十次反馈讨论，并在设计上做出关键性调整，最终成功说服公司决策层全力支持该项目。

这种源于热爱的能量使他不仅克服了重重阻力，还通过坚持和努力让团队的成果超出预期，成功将产品推向市场。项目结束后，他的创新精神和坚持被公司高度认可，也为他赢得了更多自主权。

正是这种热爱，为他的自主提供了源源不断的能量。这种内在的驱动力让他在困境中始终保持专注，并牢牢掌握了项目发展方向。

才华赋予实现路径

如果说热爱是一颗种子，那么才华便是使之开花结果的土壤。才华不仅让人具备解决问题的能力，更决定了一个人实现自主的范围和高度。没有才华的支持，自主的追求容易沦为理想化的空谈；而有了才华，热爱才能转化为切实可行的行动。

一位学员的经历就是这方面的典型例子。他在一家传统制造企业担任生产经理。最初，他将精力主要放在日常的生产管理上。后来，在一个生产流程优化项目中，他对精益生产和流程改进的细节产生了浓厚的兴趣。这种兴趣驱动他深入研究优化技术，并主动承担起更复杂的任务，比如引入新的自动化设备和优化供应链管理。

为了精通这一领域，他利用业余时间学习先进制造技术和数据分析方法。他的才华在不断实践中被打磨，最终，他提出的改进方案为公司节约了大量成本并显著提升了生产效率。这不仅为他赢得了公司管理层的认可，还让他得以承担更多战略性任务，并逐步实现了更高层次的职业自主。

热爱与才华的互动，筑牢自主的基石

热爱和才华并非独立存在，而是相辅相成的。热爱推动我们探索、学习，从而逐渐培养才华；才华的提升又让热爱更有深度和意义。两者相互作用，共同为自主奠定坚实的基础。

例如，一个在跨国公司负责市场营销的学员对设计营销材料产生了浓厚的兴趣。这种兴趣始于她在工作中接触到的一系列高标准的营销材料，包括海报、产品宣传手册和多媒体演示文档。为了提高自己的设计能力，她利用业余时间学习平面设计软件，并分析成功案例中视觉和内容结合的逻辑。在多次主动优化部门内部资料后，她的设计逐渐得到认可，并成为公司多个重要项目的首选执行者。

她不仅在营销材料设计上展示了才华，还通过这一过程激发了对战略层面品牌定位的热情。最终，她的热爱和才华结合，为她在职场赢得了更多的选择权和影响力。

热爱与才华的互动不仅提升了她的能力，也为她提供了更多选择的自由。

正是这种良性循环，让她在自主的道路上越走越远。

从热爱与才华中构建自主

自主是热爱与才华结合的结果。热爱让我们感到方向清晰而充满动力，才华使每一次选择更有把握。无论是在职场中还是在生活中，找到自己的热爱、锻炼相应的才华，都是迈向自主的第一步。

例如，一位热爱写作的年轻人，起初只是将写作作为兴趣爱好，但他坚持每天写作，并通过不断投稿提升写作技巧。在投稿初期，他屡次遭到退稿，却从未放弃，而是通过仔细分析编辑的反馈，不断调整和改进写作风格。这种不断改进的过程不仅让他的写作技巧日益精湛，也帮助他逐步建立起职业写作的信心。最终，他成功成为一家媒体的专栏作家，实现了职业自主，将热爱转化为长期的价值。

热爱赋予自主源源不断的能量，而才华让自主在现实中扎根。两者的结合形成一个正向循环，使自主成为一种真实的、可持续的能力。从热爱中找到动力，从才华中寻求支撑，将每一个小小的选择积累成生命的广阔自由。

13.2 用自主增强热爱、推动成长

自主不仅是热爱和成长的结果，更是热爱和成长的催化剂。它能反作用于二者，使热爱升华、成长加速。这种双向强化的过程让自驱力拥有非凡的力量：它能让已经很好的人变得更好，也能让当下低沉的人找到新的方向，发生积极的改变。

热爱、成长和自主的互动并非只在某些理想的情境中发生，它贯穿于我们生活和工作的每一个维度。理解这一点，可以帮助我们重新审视自己的选择，找到内在的驱动力，从而让自主不仅仅是结果，更成为增强热爱和推动成长的重要助力。

自主如何增强热爱

热爱是内在驱动力的核心来源，而自主的选择和成长的支持，会让热爱得到不断的升华。自主状态下的热爱更加自由和专注，能够让人深刻地感受到自身选择的价值，并将一时的激情转化为持久的行动力。

心理学中的自我决定理论指出，掌控感是人类内在动力的重要来源。当人们能够自主选择目标并决定行动方式时，他们对目标的热情和专注会显著增强。自主的选择让热爱从单纯的情感体验转变为深层次的自我表达，使人们对热爱的追求更具意义和持久力。

例如，我的一位高管学员在一家跨国药企担任研发部门负责人，他对研发工作的热爱一直是他职业发展的核心动力，但他的目标从未局限于完成单一项目或实现个人成就。随着职业经验的积累，他开始主动思考如何让自己的热爱产生更大的价值。他发现推动整个行业的创新和培养下一代研发人才，是他在工作中更深层次的追求。

在这种内在驱动力的推动下，他主动发起了公司内部的跨团队协作计划，构建了一个开放式的技术创新平台，让不同部门的研发人员可以分享经验、共同攻克技术难题。同时，他积极与外部学术机构和高校合作，为年轻研发人才提供学习和实践的机会。这些行动不仅让他的团队研发能力显著提升，也让他的热爱从专注于技术开发升华到推动整个行业进步的高度。

正是这种主动追求和内在驱动，让他的热爱始终充满活力，不断推动他在职业生涯中创造更多价值。在自主环境的支持下，他的热爱得以深化、成长得以加速，但真正推动他走向更高目标的始终是他强大的自驱力。

自主如何推动成长

成长是能力提升和边界突破的过程。而自主为成长提供了更大的探索空间，让人能够更自由地选择挑战并主动承担责任。

例如，一位能源企业的中层管理者通过自主选择参与多个跨部门项目，在短时间内快速拓展了自己的能力边界。在其中一个供应链优化项目中，他担任协调员角色，这一角色要求他掌握新的供应链管理工具并与多个业务部门合作。在项目初期，他面临团队成员对新工具的抗拒、高层对短期成效的质疑，以及跨部门沟通中的摩擦等挑战。

面对这些挑战，他并未退缩，而是主动寻求解决方案。他与供应链管理工具供应商协作，为团队安排了定制化培训，提升了工具使用效率。他还通过简化任务分解流程降低了沟通成本，同时亲自参与每周的部门联席会议，帮助协调资源。在与高层的多次交流中，他建立了阶段性成果汇报机制，用数据和事实展示项目成效，逐渐赢得了管理层的支持。

正是这种自主的选择权和行动自由，使他在项目中实现了能力的快速成长，不仅解决了实际问题，还在组织中赢得了更高的信任。而这种成长又进一步增强了他的自主权，让他能够在更多的领域中探索和实践。

成长通过技能和经验的积累扩展了个人的选择空间。自驱力强调这种内在的成长需求，让个人在自由选择和能力提升之间形成正向循环，从而实现更加全面和可持续的发展。

热爱与成长在自主环境下的互动

热爱驱动行动，行动带来成长；成长提升能力，能力增强自主；自主进一步激发热爱。这是热爱、成长和自主的正向循环，也是自驱力的内在逻辑。

例如，我有一位在跨国车企负责设计工作的学员，他通过公司自由的创新文化尝试了多种设计风格和理念，这使他从起初的辅助角色逐渐成长为团队中的创意核心。他的热爱驱动他不断尝试新的设计方案，并且每一次尝试都使他的设计更为精湛。这种能力的提升，又让他在创新中找到了更深的热爱。

有一次，他在为某款新车型设计内饰时提出了一个大胆的新概念方案，但并未获得团队的认可。尽管如此，他并没有放弃，而是用更详细的市场调研和用户反馈支持自己的想法，并在后续的团队讨论中逐步完善了设计。最终方案得以实施，他也在设计过程中积累了更丰富的经验，增强了信心。

这种互动让他从一名普通的设计师成长为团队的中坚力量，也让他的热爱和成长相辅相成，共同成就了他的职业发展。

自主不仅是热爱和成长的结果，更是推动两者形成良性互动的催化剂。它让人拥有更多的选择权、试验权和创新权，使热爱更为深刻，成长更为高效。

第14章 AI时代的自驱力

AI技术正以惊人的速度发展。以ChatGPT为代表的智能工具，已经能够在许多领域进行高质量的思考、创造，为复杂问题提供解决方案，甚至取代了许多传统工作岗位。这种技术革新为人类带来了前所未有的便利和效率，但也潜藏着一种风险——人类可能因逐渐依赖AI而丧失主动思考的能力。如果没有自驱力，在AI时代，人类很容易滑向被动与懒惰，最终成为AI的附属品。

14.1 AI的便利与风险

AI工具的强大在于其高效、精准和快速的执行能力。无论是数据分析、文本创作，还是建立复杂的预测模型，AI的表现常常超越人类。这种无处不在的便利，让人们在面对问题时更倾向于"凡事问AI"。如果每当遇到困难，我们的第一反应就是依赖技术，而非主动尝试解决问题，长此以往，人类的创新力、问题解决能力和独立思考能力都将受到极大削弱。

曾经有人因为系统的限制无法完成某项工作，便将责任推给"系统"。未来，这样的借口或许会更多，比如把事情归咎于"是AI的建议"。没有自驱力的人可能只会按照AI的指引机械地行动，结果逐渐失去探索新路径的能力，更谈不上从失败中学习、从经验中成长。

14.2 热爱与创新：不可替代的能力

AI可以高效地完成任务，但它无法取代人类的热爱和创新。热爱是一种深刻的内在驱动力，它让人们愿意投身于某件事中，并不断精进。正是这种热爱，为人类提供了创新的源泉。无数伟大的发明和突破都源于人类对未知领域的激情与执着，而这些都是AI无法企及的。

一位设计师朋友的经历很好地说明了这一点。在AI设计工具盛行的当下，他不仅没有担心自己的工作会被取代，反而通过自驱力不断学习新的设计理念，将AI作为辅助工具，投入更多时间专注于设计背后的创意和故事。最终，他的作品因独特的风格和深厚的情感打动了许多人。这也证明在AI技术高速发展的时代，热爱和创新仍是不可替代的核心竞争力。

14.3 失去自驱力的危险

没有自驱力，人类很容易陷入被动。一个没有独立想法、无法主动思考的人，在未来的工作和生活中将面临巨大的挑战。AI可以完成大部分重复性工作，但它无法赋予人类灵魂、情感和对未来的深刻洞察。如果我们失去对学习和成长的热情，只是被动地接受AI提供的答案，那么会变得更加依赖技术，最终失去自身的独立性与创造力。

14.4 以自驱力掌控未来

AI时代的到来为人类打开了无限可能，而热爱、成长与自主正是我们不可或缺的能力。通过自驱力，人类不仅能更好地利用AI，还能找到属于自己的独特价值。唯有始终保持主动性与探索精神，我们才能掌控未来、塑造更加精彩的人生。

第15章 自驱力与软实力三原色

15.1 对果敢力和思辩力的促进

软实力三原色——果敢力、自驱力和思辩力构成了现代职场和生活中不可或缺的核心竞争力。每一种软实力都有其独特的作用：果敢力赋予清晰的方向感和高效的行动力，使人能够直面挑战；自驱力是内在动力的源泉，使人主动追求目标，不断成长；思辩力则确保决策的深度和智慧，使目标的实现更加高效而有意义。由此可见，这三者不是各自独立的，而是彼此交织、相辅相成的，它们共同构成了一个动态的平衡系统。

在软实力三原色中，自驱力为果敢力和思辩力提供了动力支持。当一个人拥有自驱力时，他会更主动地寻找目标，并在追求目标的过程中展示果敢的行动和深刻的思辩；同样，果敢力让人能够明确目标、果断行动，从而推动自驱力的进一步发展；而思辩力则为自驱力提供了理性的思考，使人能在复杂环境中做出明智的选择。

在这个充满不确定性的时代，软实力三原色的互动显得尤为重要。无论是应对职业中的复杂挑战，还是在生活中寻求个人幸福，软实力的协同作用都能帮助我们在困境中找到突破口，在竞争中脱颖而出。本章将深入探讨自驱力与果敢力、思辩力之间的协同作用，揭示它们是如何在不同情境中共同发挥作用，为个人成长和团队成功提供动力和策略支持的。

自驱力与果敢力

果敢力的核心在于"目标明确、积极主动、想方设法",并在这个过程中始终保持"不尽全力不罢休"的精神。而自驱力则为这种持续努力提供内在支撑和动力来源。通过两者的协同,人们能够在追求目标的道路上兼具方向感和韧性。

果敢力的基础在于清晰的目标和坚定的行动。然而,在面对复杂挑战时,单靠果敢力的目标导向性可能无法支撑长久的行动,尤其是在挫折面前。这时,自驱力的作用便显得尤为重要。它赋予果敢力以持久的能量,使目标的追求能够持续推进,即使环境艰难也不会轻易放弃。

例如,我的一位学员在一家跨国能源企业担任运营总监。在企业转型期间,他负责整合多个区域的业务流程,这是一项极具挑战性的任务。起初,他果断提出了一套简化运营的方案,并迅速获得了高层的支持。然而,在实施过程中,由于各区域团队的抵触情绪和复杂的利益冲突,项目一度陷入僵局。在这一过程中,他展现了果敢力的核心:目标明确、积极主动、想方设法。他没有回避困难,而是通过自驱力的支持汲取内在动力,带领团队深入调研每个区域的实际需求,调整方案,同时积极与各部门沟通协调,争取支持。最终,这项整合项目不仅成功完成,还显著提升了企业的运营效率。

这一案例表明,自驱力为果敢力提供了内在支持,使果敢的决策能够坚持到底,并在实践中实现目标的高效达成。

自驱力和果敢力的协同作用是个人和团队在复杂环境中取得成功的重要因素。果敢力通过"目标明确、积极主动、想方设法",提供清晰的方向和高效的行动策略,而自驱力则通过持续的内在动力支持这种全力以赴的精神,两者共同形成了"目标明确—行动持续—成长深化"的正向循环。

在日常实践中,主动培养两者的协同作用至关重要。在明确目标后,我们可以问自己:"我是否具备足够的内在驱动力去坚持?"或者在自驱过程中反思："我的决策是否足够果敢、方向是否清晰？"通过这种方式，将果敢力和自驱力有机地结合，助力我们迈向更加充实而高效的未来。

自驱力与思辩力

思辩力的核心在于明确正确的事情、正确的方向、正确的目标与方法，而自驱力则为这些高质量判断的得出和落实提供持续的能量支持。二者的深度融合使个人和团队在复杂环境中能够保持动力、不断优化，并在行动中持续成长。

思辩力需要深入的思考和全面的分析，而这些离不开自驱力提供的能量支持。热爱和成长为自驱力注入了持续动力，帮助人们在复杂问题前保持专注，并有足够的耐心去进行多角度的分析。自驱力的推动使思辩力能够在行动中得到充分发挥，从而避免浅层判断导致的偏差。

例如，我的一位学员在一家跨国消费品企业担任产品经理。在研发一款新产品时，他需要对市场趋势进行深入调研。在这一过程中，自驱力促使他投入大量时间和精力分析消费者行为，思辩力则帮助他从复杂数据中提取出核心见解。他不仅发现了目标用户群体的潜在需求，还通过数据的关联分析明确了产品的定位。这种自驱力与思辩力的结合，不仅让新产品在上市后迅速占领市场，还推动了他的个人成长。

自驱力与思辩力的深度融合，为个人和团队提供了能量与智慧的双重支持。自驱力通过热爱、成长和自主，为高质量判断的得出和落实提供持续的能量；思辩力则通过科学的判断和高质量的决策，明确目标、优化方法。两者协同作用，不仅让行动更高效，也使目标的实现得到保障。

在实践中，我们不妨经常问问自己："我是否拥有高质量的思考能力？""我是否选择了正确的方向？"并在行动过程中不断反思："我是否用了最优的方法？""在运用最优方法时，我是否充满热情，并让自己通过应用这些方法收获成长？"通过这种方式，培养自驱力与思辩力的协同作用，让每一步行动都更接近成功的目标。

15.2 因自驱而充盈

在成长的路上，每个人都渴望一种充盈的生命体验。这种充盈源自内在的热爱、持续的成长和强烈的自主。当我们对工作和生活充满热爱，愿意不断精进，并在过程中掌控自己的选择权时，我们的人生便有了更深的意义和价值。

热爱赋予生活充盈的色彩

热爱是充盈人生的起点。它让我们在日复一日的努力中，感受到内心的满足与激情。曾有一位高管学员分享过他的经历。他在一家能源企业担任项目总监，负责开发一项技术难度极高的新项目。在最初的阶段，繁琐的细节和巨大的压力一度让他身心俱疲。但当他深入了解项目的核心技术，并逐渐被其中的创新潜力所吸引时，他重新找回了对工作的热爱。

这种热爱带给他的不仅是解决问题的动力，更是一种充盈的生命体验。他说："当你真正热爱自己所做的事情时，工作本身就是一种享受。"最终，他带领团队突破技术瓶颈，收获了里程碑式的成果。这段经历不仅帮他在职业发展上更上一层楼，也让他深刻体会到，热爱是充盈人生的关键。

成长带来无尽的可能

成长让我们发现更多的可能，它是充盈人生的核心动力。当我们在挑战中成长、突破自己的能力边界时，生命体验便会变得更加丰富。一位制药企业的研发经理曾告诉我，他最引以为傲的并不是完成了某个项目，而是团队在研发过程中所经历的巨大成长。

在一次产品开发的关键节点，他和团队一起熬夜攻克技术难题，每一次的实验结果都让他们更接近目标。尽管项目进程并非一帆风顺，但正是这种不断尝试和迭代的过程，让整个团队的能力和信心得到了前所未有的提升。他说："成长的每一步都让我们看到了更多的可能性，也让我们的职业生涯更加充实。"

在生活中，成长同样不可或缺。一位朋友热衷于园艺，她通过不断学习植物的养护技巧，打造出了一个充满生机的小花园。她告诉我，每天看到植物的生长变化，都会感到由衷的喜悦。这种点滴成长不仅让她收获了优美的环境，也让她对生活充满了信心。

自主让人生更有掌控感

充盈的人生离不开自主的掌控感。自主并不意味着无拘无束，而是能够基于自己的价值观和目标，做出符合内心选择的决定。一位跨国汽车企业的设计总监，在职业生涯的关键转折点上选择了主动争取更多的设计自由。他拒绝了一个管理层的职位，而是专注于提升设计质量，最终主导设计了几款极具市场影响力的车型。

他坦言："自主让我更清楚自己真正想要的是什么，也让我更有动力去实现自己的目标。"正是这种强烈的自主感让他在工作中始终保持激情，并创造了令人瞩目的成绩。

当热爱、成长与自主交织在一起时，自驱力便成为我们追求充盈人生的核心动力。自驱力不仅帮助我们突破困难、实现目标，更让我们在每一次努力中找到内在的满足感和生命的意义。

那些充盈的人生体验不一定来自于显赫的成就或外在的认可，而可能来自于每一个平凡的日子里都能感受到内心的踏实与丰盈。这正是自驱力带给我们的真正的财富。

用自驱力去追寻，让每一天都充满能量和希望。热爱生活、拥抱成长和坚持自主让我们的人生因自驱而充盈。

CRITICAL THINKING

第3篇

思辩力

在一次企业高管内部会议中，团队围绕新产品开发中的瓶颈问题展开了激烈讨论。市场环境复杂多变，每位高管都提出了自己的见解，试图为项目推进找到方向。然而，在整个讨论过程中，大家的注意力更多集中在捍卫自己的观点上，而不是深入分析或质疑其他意见的合理性。有人强调市场推广是关键，有人坚持技术突破是核心，却很少有人尝试通过不同观点的碰撞，去获得对业务更深刻的见解。随着争论的持续，会议氛围变得越来越僵硬，最终在无法达成一致的情况下草草结束。结论只是"下次会议再讨论"，而实际问题依然悬而未决。

同样的困境也出现在家庭中。一位朋友因为如何做好家庭预算而感到焦虑：是优先培养孩子的兴趣，还是储备更多资金以应对未来的不确定性？每一种选择都牵涉不同的价值判断和优先级。他说："有时候，我觉得根本没有正确答案。"

　　无论是在工作中快速理清复杂局面，还是在家庭中权衡多方利益，思辩力的价值都尤为突出。它让我们在繁杂的信息中找到本质，为每一步行动提供扎实的依据。

　　在职场中，思辩力能帮助我们突破局限，抓住关键。例如，一位负责市场拓展的经理在面对海外市场扩张的决策时，通过翔实的调研与分析，识别潜在风险、评估不同方案的可能性，最终选择了符合公司长期战略的方向，从而避免了盲目扩张。

　　在家庭中，思辩力则是处理复杂情感和资源分配的利器。例如，在规划孩子的课外学习时，一位母亲通过分析孩子的兴趣点、家庭经济状况以及未来的发展需求，选择了适合的课程，让孩子在兴趣与成长间找到了平衡。

　　思辩力是帮助我们在复杂环境中找到清晰方向的核心能力。

　　在这一部分，我将探讨如何让思辩力成为解决问题、驱动成长的核心能力，帮助我们掌控人生的复杂局面。

第16章　思辩力的内涵

16.1　两种思维：创造性思维 vs 评价性思维

我们每个人生来就具备两种基本的思维模式：创造性思维和评价性思维。这两种思维各有其独特的功能，使我们在面对问题和做出决策时更有效率。创造性思维负责生成新想法、发现潜在机会，而评价性思维则对这些想法进行分析、筛选，从中挑选出最具可行性、最有价值的方案。这种互补关系构成了我们日常思维活动的基础。

什么是创造性思维？它是一种发散性的思维模式，旨在突破传统，探索可能性。例如，当一名设计师试图为新产品开发独特的外观时，创造性思维引导他提出各种独特的设计方案，鼓励他天马行空，不被既定规则所束缚，从而为产品带来了新的视觉体验。

而评价性思维则截然不同。它是一种收敛性的思维模式，专注于评估和优化现有的想法。例如，在团队评估上述设计方案时，评价性思维通过分析每个方案的成本、市场需求以及可行性，帮助团队选出最符合实际需求的设计。评价性思维的作用在于提高决策质量，确保行动的科学性和效率。

在接下来的内容中，我们将深入探讨这两种思维的价值、运作方式及其可能的冲突，从而帮助读者更全面地理解它们对个人和组织的重要意义。

创造性思维的价值

无论是在个人成长中还是在组织发展中，创造性思维都扮演着不可或缺的角色。它让我们有能力突破现有框架，开辟新的可能。许多重要的技术进步、商业模式的转型，甚至一些关键性的决策，都是创造性思维的成果。

例如，在一家初创科技公司中，团队正面临如何提高用户黏性的问题。由于传统的产品更新策略已不能满足市场需求，因此团队决定通过创造性思维寻找突破。他们提出了一项大胆的创意：让用户可以个性化定制界面布局和功能。这一创意在实施前虽然面临技术和资源的双重挑战，但团队通过集体头脑风暴不断完善方案，最终成功推出了这项功能，使产品在市场中脱颖而出。

类似的案例在其他行业也屡见不鲜。例如，一家制造企业在面对供应链危机时，通过创造性思维提出了"共享物流"的创新方案，将原本分散的物流资源进行整合，既降低了成本，也提高了运输效率。

这样的案例充分说明了创造性思维的价值：它是创新的起点，是从问题中找到新机会的关键能力。对于个人而言，创造性思维可以打开职业发展的新方向；对于团队或组织而言，它能激发变革，引领行业潮流。

评价性思维的价值

如果说创造性思维为我们提供了无数可能，那么评价性思维则帮助我们从这些可能中选择最优解。它通过对方案的分析、筛选和优化，确保行动的科学性和可行性。

例如，某公司在策划年度市场活动时，通过创造性思维提出了多种创新方案，但面对预算、资源和预期效果的多重限制，如何选择最佳方案成为难题。这时评价性思维开始发挥作用。团队通过分析每个方案的成本效益、实施风险和潜在收益，最终选定了两个兼具创意和可行性的方案。这次市场活动取得了超预期的效果，客户转化率大幅提升。

评价性思维在个人生活中同样发挥着重要作用。例如，当一个人在面对多个职业机会时，会运用评价性思维权衡工作内容、发展空间与个人价值观的契合度，从而选出最适合自己的职业。

评价性思维的价值在于优化创造性思维的成果，使创新不仅停留在"好点子"层面，更能转化为实际行动。它帮助我们在复杂决策中找到最优路径，避免因盲目行动带来资源浪费和风险。

两种思维的螺旋式循环：创造—评价—再创造—再评价

在解决复杂问题时，创造性思维和评价性思维并非简单的线性关系，而是个螺旋式循环。这种循环模式让问题的解决从初步探索到精细优化，逐步迈向成熟。

例如，一支跨部门的团队被指派开发一款新产品。他们首先通过创造性思维提出了多个概念设计，从简化功能到智能化创新，覆盖了不同的用户需求。随后，团队引入评价性思维对这些概念进行筛选，选出一个最具市场潜力的方向。然而，这仅仅是开始。接着，团队进一步通过创造性思维设计出各种可行的执行方案，并再度利用评价性思维分析每个方案的优劣，最终确定了最佳实施路径。产品推出后大获成功，不仅提升了公司的品牌形象，还创造了可观的商业价值。

这种螺旋式循环同样适用于个人成长。例如，一名刚进入职场的年轻人希望提升演讲能力。他首先通过创造性思维设计了多种练习方法，包括模拟演讲、参加公开活动等。随后，他利用评价性思维反思每次演讲的效果，优化练习策略，逐步提高表达能力。

这种"创造—评价"的循环不仅能够有效推动创新，还能确保在每轮循环中都有更加精确的优化和提升。它让团队在复杂问题中找到方向，为思辩力的高效运用奠定了基础。

两种思维的冲突：评价性思维的"攻击性"

尽管评价性思维在优化决策中扮演重要角色，但如果使用不当也可能成为创造性思维的阻碍。评价性思维的本质是分析和批判，这种"攻击性"特质容易导致它在创造性思维工作时过早介入，以至于将新想法扼杀在摇篮里。

例如，在一次高层管理会议中，一个年轻的市场经理提出了"社交媒体短视频营销"的创新策略。然而提案一开始便引发了质疑："这个想法是否违背了我们的品牌定位？""短视频能否吸引我们的核心客户群？"这样的质疑接连不断，最后，市场经理甚至没有机会阐述完整方案。这种情况并不少见。过早的否定不仅打击了提出者的信心，也让团队逐渐失去了探索新方向的动力。

相似的现象也可能发生在日常生活中。例如，一个人试图通过改变饮食习惯来改善健康状况，却在刚开始时便因"是否科学""效果如何"的质疑而放弃了尝试。

过于频繁或过早地使用评价性思维，容易让人陷入"只会批评、不敢创造"的思维模式。最终，团队可能变成只会说"你们这些想法都不好"，却提不出任何新主意的群体。这种环境对创新的杀伤力极大，需要引起足够的重视。

两种思维的协调与冲突管理是提升思辩力的关键。在实际应用中，仅靠创造性思维与评价性思维本身，往往难以避免冲突的发生。尤其是评价性思维的"攻击性"一旦失控，可能彻底压制创造性思维的活力。为此，我们需要引入更高级的思维方式——"元"思维。它能够从更高的层面监控和调节两种思维的运作，既保护创造性思维的探索空间，又确保评价性思维的优化作用得以发挥。接下来，我们将探讨"元"思维如何帮助我们平衡这两种思维，充分释放思辩力的潜能。

16.2 "元"思维的价值

无论是解决问题还是推动创新，我们都需要创造性思维与评价性思维的协同运作。然而，在实践中，这两种思维常常因为运行节奏的不匹配而产生冲突。为了更好地管理和优化它们的互动作用，必须引入"元"思维这一更高层次的思维模式。

"元"思维是一种对思维过程进行全面监控与调节的能力，类似于操作系统管理各种应用程序。它通过对创造性思维和评价性思维的运行状态进行实时管理，帮助我们有效平衡两者，确保创新与决策过程的顺利进行。

两个层级的评价性思维

评价性思维可以划分为两个层级：事务层评价性思维和监控层评价性思维（即"元"思维）。它们的运作模式可用图16-1来说明。

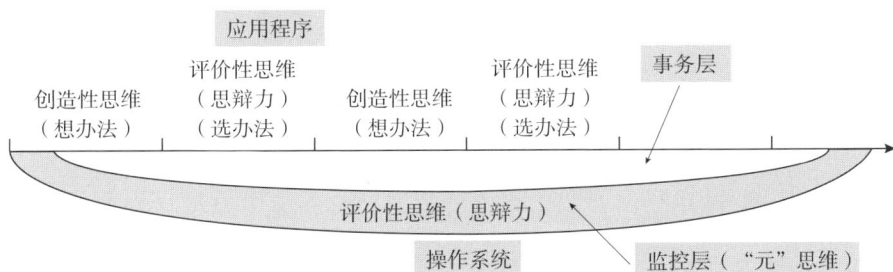

图16-1 评价性思维（思辩力）在两个层级的运作模式

●事务层评价性思维：这一层负责具体的分析和判断，与创造性思维交替运作，主要用于筛选方案和优化策略。例如，当需要评估一系列市场推广方案时，事务层评价性思维会结合数据进行筛选，选出最优方案。

●监控层评价性思维（"元"思维）：这一层负责对整个思维过程进行宏观管理。它通过监控创造性思维和事务层评价性思维的交替运行，确保两者的节奏和时机得到合理安排，避免评价性思维过早介入而影响创新。

"元"思维的功能类似于手机上的操作系统，通过监控和管理在事务层上运行的两种"思维应用程序"（创造性思维和评价性思维），实现螺旋式的优化和提升。这种双层次的思维管理为我们处理复杂任务提供了坚实的支持。

个人如何培养"元"思维

"元"思维不仅适用于团队环境，对于个人思维管理同样至关重要。培养"元"思维，能够帮助我们在面对多变环境时，更加高效地进行创新与决策。

例如，一位设计师在开发新产品时，常因对创意的过早否定而陷入僵局。他意识到，这种过早的评价性思维极大地抑制了创造性思维的发挥。为此，他开始尝试引入"元"思维作为自我思维的监控推动者。在创意生成阶段，他刻意限制评价性思维的干预，让创造性思维充分发散；在创意筛选阶段，再引入评价性思维进行严格筛选。通过"元"思维管理，他的创新效率显著提高，设计出的产品也更具市场竞争力。

在团队中应用"元"思维的实践

在团队合作中，"元"思维的作用更加突出。它能够帮助团队避免因思维冲突而导致的创新停滞，同时提升团队的整体决策效率。

例如，一家科技公司在制定年度战略时，将"元"思维贯穿整个会议流程。会议被划分为创意生成、方案筛选和执行规划三个阶段。在创意生成阶段，团队被鼓励大胆提出创意，完全屏蔽评价性思维的干扰；而在方案筛选阶段，则运用评价性思维进行严格筛选。在进入执行规划阶段时，团队也会先利用创造性思维进行头脑风暴，提出各种不同的方案，然后再利用评价性思维对具体行动计划进行评价和确认。会议主持人所扮演的角色就是通过"元"思维实时监控思维节奏，确保每个阶段的目标都能高效达成。这种管理模式不仅提升了团队的创造力，也为公司决策的科学性和后期的执行提供了保障。

在学习服务领域，优秀培训师的重要任务之一就是为参加学习的群组提供"元"思维服务。比如在推动学员参与讨论时，培训师就需要监控和管理讨论小组的思维活动：有时候需要学员启用创造性思维，寻找应对业务挑战的对策；有时候却需要学员运用评价性思维，对行动方案进行决策。

"元"思维是思辩力的核心部分，它为创造性思维和评价性思维的协同运作提供了有效的管理框架。在个人层面，掌握"元"思维能够帮助我们更好地应对复杂问题；在团队层面，"元"思维则是推动群组创新与决策的重要工具。通过培养"元"思维，我们可以在多变的环境中持续提升自我和团队的竞争力，为未来的发展开辟更广阔的空间。

16.3 思辩力的定义与"双层运作"

在解决问题和做出决策的过程中，我们的思维会以不同的方式运作。思辩力作为一种高度自觉的评价性思维模式，不仅是逻辑和理性的象征，更是一种双层级运作的思维系统。它贯穿于我们思考和行动的每一步，既扮演着思维活动的"操作系统"角色，又在事务处理层面充当"应用程序"，直接参与到与评价性思维一起协作的"创造—评价"循环中。

监控层：思维的"操作系统"

作为"操作系统"，思辩力体现为"元"思维——也就是我们思维的"思维"，对所有思维活动进行监控、管理和干预。例如，一位研究生在准备毕业论文时，既需要生成新的研究框架（创造性思维），又需要不断评估文献支持和逻辑合理性（思辩力）。在这个过程中，他的"元"思维注意到自己过度沉浸于某个创意，却未考虑到实际数据的支撑。通过反思这一偏差，他调整了思考方向，加强了对文献和数据的检验，最终使研究更加严谨和科学。

这一案例正是思辩力在"操作系统"层级上的典型体现。通过这一层级的思辩力运作，它完成了以下三项关键任务。

●监控：实时捕捉思维中的偏差、盲点和潜在误区，确保思维活动始终沿着正确的方向推进。

●管理：协调和分配思维资源，合理分配精力于创造性探索和评价性判断之间。

●干预：当思维活动出现偏离目标或低效时，及时调整思维模式和策略。

这种角色类似于计算机中的操作系统，它并不直接参与具体任务，但它的运作确保了所有活动能够在高效的框架内展开。正因如此，思辩力在"元"思维层面保证了思维活动的条理性、科学性和针对性。

事务层：事务处理中的"应用程序"

在具体事务的思考和解决过程中，思辩力直接介入，并作为处理问题的"应用程序"参与到"创造—评价"循环中。例如，一位正在撰写科普文章的作者在构思内容时，既需要提出通俗有趣的比喻（创造性思维），又要确保这些比喻与科学原理吻合（思辩力）。在写作过程中，他发现某个比喻虽然吸引人，但容易导致读者误解科学概念。于是，他对比喻进行修改，在保留趣味性的同时，确保内容准确无误。

通过这一案例，我们可以看出思辩力在事务层作为"应用程序"的运作主要体现在"创造—评价"循环上，即创造性思维提出新想法，思辩力对其进行分析、优化与筛选，做出高质量的决策。

通过与创造性思维的协同作用，处于事务层的思辩力能够将初始创意转化为高效可行的解决方案，从而快速提升任务完成的质量与效率。

思辩力的核心功能

通过双层级（事务层和监控层）运作，思辩力展现出以下核心功能。

●管理思维活动：让思维本身上升到有意识的运作状态。

●提升思维效率：确保思维活动高效有序，减少不必要的时间浪费。

●优化决策质量：通过理性判断，降低错误决策的概率。

●增强适应能力：在面对复杂、不确定性环境时，快速调整思维策略，以更灵活地应对挑战。

例如，在进行职业选择时，一位职场新人需要评估不同职业路径的利弊。首先利用创造性思维发散可能性，列出多个职业选项；随后通过思辩力分析每个选项的长期发展前景、个人兴趣匹配度和当前资源支持；最终，基于全面分析做出最适合自己的选择。这正是思辩力的核心功能在复杂决策中的体现。

思辩力是一种高度自觉的评价性思维方式，具有双层级的运作机制。作为

"操作系统"，它为所有思维活动提供监控与支持；作为"应用程序"，它通过"创造—评价"循环高效完成具体任务。在当今充满不确定性和复杂性的环境中，掌握和运用思辩力能够帮助我们更高效地解决问题，做出高质量的决策。

思辩力定义的由来

以上关于思辩力的理解和定义是我在长期研究与实践中逐步形成的认知。这一认知得益于批判性思维的启发，以及对于创造性思维的理论与方法的学习所汲取的营养。在开发"思辩力"课程时，我广泛阅读相关领域的经典著作，同时结合实际的管理实践与教学反馈，不断调整与完善，最终形成了这一框架。

需要特别说明的是，我对思辩力的理解不是对批判性思维的简单重塑，也无意与其他思维框架进行比较。这只是我在面对实际需求时，为解决复杂问题、提升决策质量所提炼出的一种方法论。我认为，与其纠结理论体系上的差异，不如专注于如何将这些内容有效地应用于实际工作和生活。

值得一提的是，我在本书中所表述的内容均已在我为企业提供领导力与软实力训练服务的过程中得到了广泛印证。这些内容得以不断优化离不开众多学员的共同参与。他们中既有来自世界一流企业的高层管理者，也有中基层管理者，还有从事药物和其他领域研究的科学家，以及其他领域的专业人士。可以说，这些理念与方法是我与他们共同创造的成果。

通过本书，我希望将这些实践经验分享给更多人，帮助他们在面对复杂环境时，掌握更加高效的思维工具，从而提升工作效能，促进个人成长。

16.4　思辩力的特征

在了解了思辩力的定义后，我们需要进一步了解其特征。这些特征不仅使思辩力在多种思维模式中脱颖而出，也为我们在复杂环境中运用思辩力提供了重要依据。

高度觉察

思辩力的首要特征是对自身思维活动的高度觉察。这意味着我们需要在思考过程中随时反思自己的思维路径，识别潜在的偏见和盲点，并主动调整方向。例如，一位数据分析师在进行市场预测时，最初因为个人经验和偏好选择了一种模型。然而，他在分析过程中觉察到这种模型可能过于片面，于是重新审视数据，并综合多种模型进行交叉验证，最终得出了更为准确的结论。

另一位职业规划师在帮助客户选择职业路径时，也展现了高度的思维觉察能力。他发现自己的职业偏好可能会影响建议的客观性。为此，他详细分析客户的背景数据，包括性格测试、技能评估和职业兴趣，通过反复对比不同职业路径的优劣势，最终制订了最适合客户的发展计划。

这些案例充分体现了高度觉察在思辩力中的作用。这种特征能够让我们避免被潜意识或习惯性思维牵制，从而始终保持对思维活动的掌控，提升思维的精准度和可靠性。

动态平衡

思辩力的第二个特征是动态平衡，尤其体现在创造性思维与评价性思维之间的灵活切换上。这种动态平衡使我们既能发散思维、探索新可能，又能适时收敛，进行理性判断。例如，一名产品经理在策划新产品时，先利用创造性思维生成了多个功能设想；随后，他逐一分析这些功能的技术可行性和市场接受度，最终筛选出最具潜力的方案。

在另一个案例中，一名建筑设计师需要为客户设计一座环保建筑。她首先在创造性思维的引导下，构想了多个独特的建筑结构和节能技术组合。随后，她运用思辩力进行可行性分析，评估每种方案的成本、施工难度和环保效果，最终选择了既新颖又高效的设计方案。

从这些案例中可以看出，动态平衡帮助人们在不同思维模式之间高效切换，既保留了创新的活力，又确保了决策的实际可行性。这种特征能够避免我们在思维发散中迷失方向，同时防止由于过早收敛思维而导致创意不足。

全局视角与细节的结合

思辩力的另一个显著特征是能够同时关注全局与细节，并在宏观与微观之间自由切换。这种特征在处理复杂问题时尤为重要，因为它不仅能帮助我们把握整体方向，还能确保关键细节的准确性。例如，一位创业者在制订商业计划时就展现了这种能力。他既考虑了公司的长期发展战略，也详细分析了每个阶段的资源配置和财务规划。正是因为兼顾了全局与细节，他的商业计划既具有前瞻性，又确保了每一步的可操作性。

另一个案例是一名医学研究者，他在制定临床实验方案时，不仅着眼于实验的最终目标，还确保每个步骤的科学性和可操作性。他设计了严密的实验流程，详细规划了每阶段的数据收集和分析方法，从而确保了研究的整体可靠性和细节精准度。

通过这些案例，我们可以看到，全局视角与细节的结合是思辩力在复杂环境中得以充分发挥的重要保障。这种特征使我们能够在不同层面展开思考，从而确保决策的全面性和准确性。

逻辑严密

逻辑严密是思辩力的重要基石，它强调思维过程中的条理性和逻辑一致性，从而避免因逻辑漏洞导致错误结论。例如，一名律师在准备辩护时会逐条验证证据链的真实性，并反复推敲每个论证步骤，确保在法庭陈述中无任何逻辑瑕疵。正是这种对逻辑的高标准要求，使他的辩护能够更加具有说服力。

在另一个场景中，一名科研人员在撰写学术论文时严格遵循科学研究的逻辑结构。他确保每个论点都有充分的数据支持，并逐步搭建清晰的逻辑框架，最终形成了经得起同行评审的研究成果。

由此可见，逻辑严密为思辩力提供了可靠的保障。这一特征帮助我们在分析和决策过程中构建稳固的逻辑框架，从而提升结果的科学性和可信度。

适应性与灵活性

思辩力的最后一个核心特征是适应性与灵活性，即在面对动态变化时能够迅速调整思维策略，以应对新的挑战。例如，一名投资人在市场突发波动时通过快速分析形势变化，果断调整投资组合，不仅避免了损失，还抓住了新的机会。这种灵活应变的能力正是思辩力适应性与灵活性的体现。

另一个典型案例是一名户外探险家，他在计划长途旅行时因天气突变而被迫改变路线。他迅速评估了各种替代方案，包括安全性、资源可及性和时间成本，最终选择了一条风险收益比最优的新路线，确保了探险的顺利进行。

适应性与灵活性让思辩力能够在复杂多变的环境中依然保持高效，帮助我们及时应对挑战，快速找到解决问题的新路径。

上述五大特征共同构成了思辩力的核心品质。它们不仅相互支撑，还在实际应用中展现出强大的协同效应。理解并掌握这些特征，能够帮助我们更有效地培养和运用思辩力，更高效地应对生活和工作的各种挑战。

第17章　思辩力与个人成长

17.1　提升自我认知

自我认知是个人成长的起点，也是掌握思辩力的第一步。很多人在成长过程中，受困于自己未曾觉察的思维偏差和固有信念。这些隐性的观念常常是我们形成结论的前提或基础，如"领导应该主动了解我的工作"或"公司必须先给我机会，我才能展示才华"等，会对我们的决策和行为产生重大影响。通过思辩力，我们可以识别并反思这些未被觉察的观念（在接下来的章节里，我会把它统一称作"假设"）从而提升对自身思维活动和品质的认知，找到更加有效的成长路径。

识别思维中的假设：从无意识到有意识

思辩力的重要价值在于帮助我们识别潜在的思维假设，并将其从无意识状态转化为有意识的认知。假设常隐藏在我们的思维或行动背后，影响着我们对现实的解读，并进一步作用于我们得出的结论和采取的行动。如果这些假设未经质疑和验证可能会引发不必要的挫折和误判。

例如，一名职场新人认为："只要我努力，领导自然会看到我的付出。"这一结论听起来合理，但如果仔细分析会发现它建立在几个隐性假设之上：领导能够全面观察到下属的努力，且认可努力不需要额外的沟通或展示。这些假设并未经过理性验证，但这名职场新人却以此为前提得出了结论，并据此行事。然而，当他发现领导并未注意到他的努力时，可能会感到失落甚至质疑自己的能力。

通过思辩力，这位新人可以识别到这些隐藏假设并质疑其合理性。他可能会意识到，职场中的努力并不一定会自动被注意到，与其被动等待，不如主动争取机会。于是，他决定采取更主动的沟通策略，如定期向领导汇报自己的工作进展和成果。最终，他不仅得到了更多的认可，还建立了更高效的工作关系。这一案例说明，识别隐藏假设并调整行为是改善认知和行为的关键一步。

类似地，在生活中也存在许多隐藏的假设。例如，一位朋友认为"只有在成功后才值得庆祝"，因此即便在完成阶段性任务时，他也很少有成就感。如果通过思辩力反思，他会意识到这一假设实际上忽略了过程中的成长与突破。他可以调整自己的思维模式，学会在每个过程中找到值得欣赏的亮点。这样，他不仅能获得持续的动力，也能享受实现目标的过程。

通过这种识别过程，思辩力完成了三个关键任务。

●揭示潜在假设：让隐藏的思维模式显现出来。

●评估假设的合理性：分析这些假设是否有事实依据。

●调整思维模式：根据评估结果优化决策和行动。

这也是思辩力最重要的工作模式，我将在思辩力的培养与实践的章节里，详细地对它进行说明。

自我提问与外部反馈：强化认知的精准性

在识别假设后，思辩力进一步通过自我提问和外部反馈帮助我们深化自我认知。通过不断地自我提问，我们可以挖掘更深层次的思维假设。例如，一位科研人员在团队项目中得出结论："我的实验方案是最优的，因此不需要采纳他人的建议。"这个结论看似合情合理，但实际上它建立在几个隐藏的假设之上。

●"我的专业能力在团队中是最强的。"

●"他人的建议可能缺乏价值，无法为项目带来改进。"

●"坚持自己的方案更高效，不需要额外讨论。"

这些假设未经过理性检验却直接影响了他的态度和行为，使他在团队合作中对他人的建议表现出排斥态度。

当项目进展缓慢时，他从导师的反馈中意识到自己的固有思维可能限制了合作的深度。于是，他通过思辩力对自己的假设进行了反思：

- "我的专业能力是否在所有领域都是最强的？"
- "他人的方案中是否包含了我未曾考虑到的潜在优势？"
- "尝试采纳他人的建议是否会为项目带来新视角？"

通过这些自我提问，他开始认识到自己的假设可能过于片面，随后他调整了自己的态度。在后续的团队讨论中，他更开放地倾听他人的想法，并尝试将不同的方案进行整合。这一转变不仅让团队合作更加高效，还提升了项目的整体质量。

这一案例表明，外部反馈和自我提问相辅相成，都有利于激发我们的思辩力。

- 外部反馈通过他人的视角帮助我们识别自我思维中的盲点，很多时候还能帮助我们发现那些隐藏的假设。
- 自我提问通过问题引发深入思考，如"我为什么会这样想？""这种假设有无依据？"

将外部反馈与自我提问结合能有效校正偏差，确保认知更加精准。

突破固有信念，提升自我认知

除了识别假设和接受反馈，突破固有信念是思辩力帮助提升自我认知的另一个重要方面。固有信念通常是我们基于某些隐藏假设得出的结论，但这些结论并不总是经过深思熟虑的，可能因此限制了我们的行为和判断。

例如，一位家长长期认为"孩子的成绩不好是因为不够努力"。这一固有信念看似合理，但实际上是基于以下隐藏假设：

- 努力是提升成绩的唯一决定性因素；
- 孩子在学习方法或心理状态上没有问题。

这些假设未经过严谨的验证，却直接影响了家长的教育方式。他把注意力集中在让孩子更加努力上，却忽视了其他可能的因素。通过思辩力的反思，这位家长重新审视了自己的信念，并开始与孩子沟通学习中的实际困难。他发现，单纯的努力并不足以提升成绩，调整学习方法和提供心理支持同样重要。最终，这种转变让孩子的学习效果显著提升，也让家长的教育理念得到了全面的升级。

在职业发展中，突破固有信念同样至关重要。例如，一位职场中层管理者长期坚持"只要团队努力，业绩自然会提升"。这一固有信念的形成依赖以下隐藏假设：

- 市场环境是稳定的，努力始终会带来回报；
- 团队的现有工作方式已足以应对外部竞争。

然而，当业绩出现停滞时，他开始通过思辩力分析这一信念的合理性。他意识到，市场变化和竞争对手的动态是无法忽略的重要因素，而单纯依靠努力并不能解决全部问题。他调整了管理策略，引入了更多数据驱动的决策方法，并定期复盘团队表现，关注市场反馈。最终，这些改变帮助团队显著提升了业绩，也让他更加清晰地认识到管理中的关键点。

将固有信念作为结论，往往建立在未经深思的假设之上。通过思辩力识别这些假设，我们不仅可以更深刻地理解自己的思维模式，还能调整行为，使其更加契合现实。这种能力适用于家庭教育、职业发展以及个人成长的方方面面。

思辩力对自我认知的深远影响

从识别假设到调整思维，从接纳反馈到突破固有信念，思辩力贯穿于自我认知的每个环节。这种能力不仅帮助我们看清自己的优势和不足，还能为应对复杂环境提供更有质量的应对策略。通过不断优化思维模式，我们可以更自信地面对工作与生活中的挑战。

一面镜子能反映出外在的形象，而思辩力就是一面"内在镜子"，它帮助我们反思和审视自己的内心世界。这种对自我的清晰认知将为个人成长提供坚实的基础和持久的动力。

17.2 提升培养兴趣进而激发热情的能力

在探讨兴趣与热情的培养时，不可忽视其与自驱力的密切关系。兴趣是行动的动力源，而热情则让我们在面对困难时依然保持前行。我在自驱力相关的章节里，已经对"发现兴趣"和"培养兴趣"进行了讨论。在这里，我将探讨思辩力是如何通过帮助我们质疑既有观念，识别隐藏假设，寻找兴趣的真实来源，并通过理性评估，优化探索路径，为培养兴趣、激发热爱提供坚实的思维基础的。

质疑既有观念：兴趣的本质是否被误解

许多人对兴趣的理解停留在一些普遍流行的结论或观念上，比如"兴趣是天生的"或"找到兴趣就能自然做好"。然而，这些观念往往基于未经深思的假设，可能导致我们对兴趣的来源和培养方式产生误解。

例如，"兴趣是天生的"这一结论常常建立在这样的假设上：个体的兴趣完全由基因或先天特质决定，与后天环境和实践无关。一位工程师的经历很好地挑战了这一假设。他在项目需求的推动下开始接触用户体验设计，最初对此毫无兴趣，仅仅因为工作需要而涉足这一领域。然而，通过持续的实践和探索，他逐渐培养出了对设计的兴趣，甚至将其作为职业发展的新方向。这表明，兴趣不仅可以通过后天培养，还能够在实践中通过主动参与和不断调整逐步塑造出来。这一案例反映了对兴趣"天生论"的质疑：实践和环境在兴趣的形成中可能扮演着更重要的角色。

另一种常见的观念是"兴趣只能源于明显的天赋特质"。这一观念背后隐含的假设是天赋特质是兴趣的唯一决定因素，且天赋特质是天生的、不可改变的。这一逻辑延续了"天生论"，认为兴趣和能力的来源完全依赖于先天条件，而忽略了后天实践和环境对兴趣培养的作用。事实上，天赋特质只是潜在的可能性，而兴趣的产生更多来源于实践中的体验和反馈。例如，一位学生坚信自己只有在艺术领域才有发展前途，但通过参与一次技术项目，他发现了自己在逻辑分析和系统架构方面的潜力，并从中感受到挑战和创造的乐趣。这一经历表明，兴趣不仅源于既有能力，还可能通过尝试新领域被发掘出来。这种重新定义兴趣的过程正是思辩力帮助我们突破固定思维模式的最佳例证。

除此之外，还有一种值得质疑的现象是，当人们无法完成任务或对某事缺乏动力时，往往归咎于"没有兴趣"。这种结论通常掩盖了更深层次的问题，比如缺乏足够的尝试或未能识别根本的障碍。例如，一个学生可能抱怨自己对数学不感兴趣，但如果反思他的学习经历，就会发现问题可能出在方法不对或学习基础薄弱上，而非兴趣的缺乏。这个案例也反映出将责任归咎于"没有兴趣"，实际上掩盖了对真实问题的深入分析。

尽管天赋特质可能影响兴趣形成的方向，但其作用往往被过度夸大。首先，许多兴趣并不依赖于显著的天赋。例如，一些人最初并不擅长写作，却通过持续的练习和反思逐渐培养了对写作的浓厚兴趣。其次，天赋的作用更多体现在起点，而非终点。实践与环境对兴趣的影响具有更大的塑造性，尤其在个体深入接触和不断尝试新领域时，兴趣的方向往往会随着经验的积累而调整和拓展。

通过以上分析，我们可以看到思辩力在这一过程中扮演的重要角色。它通过反思和质疑帮助我们打破思维惯性，重新定义兴趣的来源与可能性。通过这些高质量的思考，我们可以更全面地认识兴趣的动态特性，不再被固有观念束缚，从而更理性地选择适合自己的发展方向。兴趣并非一成不变的，而是与我们的经历和思维深度密切相关的。

从"做不好，是因为没兴趣"到"没兴趣，是因为没做好"

人们常将失败归因于兴趣不足，却忽略了能力与兴趣之间的互动关系。实际上，兴趣的激发往往源于技能的提升与成就感的积累，而这一过程需要我们通过对假设的反思和行为的优化来实现。

例如，一名学生在学习数学时感到枯燥无味，认为自己"没有数学天赋"。这种对天赋的认知实际上是他感到枯燥的根源。这个结论源于一个隐藏的假设：数学天赋决定学习兴趣，缺乏天赋就注定无法享受学习的过程。然而，通过系统学习和实践，他通过运用思辩力质疑这一假设："是否是我的学习方法不够有效，而不是缺乏天赋的问题？"他尝试调整学习策略，如分解难题、寻找逻辑关联，并逐渐掌握了数学思维的核心方法。在这个过程中，他从不断的成就感中体验到了数学的乐趣。这种持续的反思与实践，不仅提升了他的数学成绩，还让他逐渐对数学产生了浓厚的兴趣。

另一个案例是一名销售员的经历，他因业绩平平而失去动力，认为自己"不适合这个职业"。他得出的这一结论同样基于隐性假设：成功完全取决于职业天赋，而非方法和努力。然而，通过领导的引导和自我反思，他开始运用思辩力分析问题所在。他问自己："是否是我的沟通方式或客户管理方法存在问题，而不是职业不适合我？"他尝试改进自己的工作模式，比如记录客户反馈、优化沟通技巧，并不断调整策略。在实践中，他逐渐掌握了更有效的客户管理方法，并通过小范围的成功积累了信心。在这一过程中，他重新发现了工作中的乐趣，并激发了对职业发展的热情。思辩力让他从"职业不适合我"的限制性思维中走出，找到了改进行动的突破口。

通过思辩力，我们能够重新审视"兴趣不足"的真正原因，发现它并非失败的根本，而是能力未能提升的结果。只有通过质疑隐性假设并优化行为，才能在实践中逐步积累成就感，从而激发兴趣和动力。事实上，兴趣往往不是成功的前提，而是能力提升后的回馈。这种从"做不好，是因为没有兴趣"到"没兴趣，是因为没做好"的观念转变，正是思辩力帮助我们重新认识兴趣与能力关系的关键所在。

优化兴趣培养的路径

思辩力在兴趣培养中发挥着理性指导的作用。它帮助我们以更清晰的目标和更有效的策略探索兴趣，避免浅尝辄止。

例如，一位摄影爱好者起初将兴趣仅局限于拍摄美景，但在反思和学习后，他逐渐扩展到人物摄影、后期剪辑等新领域。这种探索不仅让他发现了更多的乐趣，也显著提升了他的摄影技术和作品整体的质量。通过思辩力的引导，他不仅突破了兴趣的边界，还在深入实践中拥有了更强的能力。

为了更系统地优化兴趣培养路径，可以采取以下方法。

（1）小步尝试：在短时间内进行多领域的初步探索，记录体验与感受。

（2）深度反思：通过以下问题更深入地了解自己的兴趣：

●我为什么会对某一领域产生兴趣？

●这种兴趣是否与我的长期目标一致？

●如果改变角度看问题，是否能发现新可能？

（3）逐步深入：设定具体的阶段性目标，通过持续投入和小成就强化兴趣。例如，对绘画感兴趣的人可以每周完成一幅作品，并反思改进的空间。

这些方法使思辩力为兴趣培养注入系统性和方向感。这种路径优化既能维持兴趣的延续性，也能帮助我们在成长中不断取得实质性突破。

思辩力对兴趣培养的深远影响

通过思辩力的支持，我们能够更科学地识别兴趣点、更有效地克服兴趣培养中的障碍，并在探索未知时保持动力。这不仅提升了兴趣的广度与深度，也为个人成长提供了持续的驱动力。

思辩力的长期影响还体现在我们对兴趣的动态管理能力上。当外界环境发生变化时，我们能够通过反思及时调整兴趣的重心，从而在不同阶段实现新的突破。例如，一位职业经理人在中年职业转型时，通过思辩力分析自己的能力结构和职业目标，最终从传统管理岗位转向了战略咨询领域，成功开启了全新的职业旅程。

兴趣与热情是自驱力的核心，而思辩力则通过识别假设、优化路径和强化实践，为兴趣的培养与激发提供了关键支持。掌握这一思维能力，将帮助我们在复杂环境中更高效地挖掘潜能，为成长注入持久动力。

17.3　思辩力与成长型思维

在学习、创新和个人成长的过程中，思维模式的选择至关重要。心理学家 Carol Dweck 提出的固定型思维和成长型思维是两种典型的思维模式，前者固守对能力的固化认知，后者则相信能力可以通过努力和学习不断提升。然而，我对这两种思维模式的理解并不仅限于对能力的认知，更扩展到对任何事物的认知。

固定型思维的局限

固定型思维不仅固守对能力的认知，还体现在对事物、关系和规则的执念中。这种思维模式的核心问题在于对已有结论的盲目坚持，而不愿意检视支撑这些结论的假设。例如，某部门经理始终认为"员工只有在舒适的环境中才能发挥最佳水平"，因此对业绩考核较为宽松，甚至对低绩效员工采取容忍态度。然而，部门的整体业绩逐渐下滑。他通过深入反思后意识到，这一管理风格基于"舒适才能提升绩效"的假设，而忽视了适度的压力对团队的激励作用。调整后，他设定了明确的目标，并通过建设性反馈激励员工，最终显著提升了团队的整体业绩。

良好的思辩力可以帮助我们质疑这些固有的思维定势。例如，一家技术支持团队的工程师曾经认为"我内向，不适合与客户沟通"。然而，在一次意外的客户交流中，他发现倾听和共情能够有效解决问题，并能带来积极的反馈。这让他重新认识自己的沟通能力，从而主动改进。通过这样的实践，这位工程师不再被固定型思维束缚，逐渐成为团队沟通中的核心力量。

从固定型思维到成长型思维：思辩力的助力

突破固定型思维的关键在于不断检视和优化认知，这正是思辩力的核心功能。通过反思，我们可以利用思辩力识别那些长期未被意识到的偏见与盲区。例如，小张是一名市场分析员，他在提交市场调查报告后受到经理的批评——"数据分析流于表面，建议毫无针对性"。小张没有轻易放弃，而是冷静下来重新审视自己的工作过程，发现问题出在对数据的解读上。他改变了策略，与销售团队沟通需求，并参考业内优秀报告，最终提交了一份高质量的市场调查报告，得到了领导的高度认可。这一案例说明，思辩力帮助我们突破固定型思维，实现更高层次的成长。

此外，思辩力能够引导我们重新审视结论背后的论据和假设。例如，"结果导向会伤害团队合作"这一观点可能基于未被质疑的假设，如"追求结果必然导致个体间的对立"或"结果导向与信任无法共存"。然而，通过深入反思，我们可以发现，通过更明确的沟通和清晰的目标分工，结果导向不仅不会损害合作，反而可以成为提升团队信任与协作的动力。这种对假设的质疑与修正，不仅拓宽了我们的思维视角，也为建立更健康的成长型思维提供了重要支持。

思辩力如何强化成长型思维

成长型思维的价值在于其开放性与灵活性，而思辩力能够进一步强化这种特质。通过持续反思和实践，成长型思维得以更加牢固和有效。

首先，思辩力帮助我们明确成长的方向。真正的成长需要清晰地认识到当前的状况、短板和潜在的发展方向，而这一过程必须通过"慎思明辨"来实现。例如，一名初级管理者认为"指出员工错误会破坏关系"，但通过实践，他发现建设性反馈不仅不会破坏关系，反而能够增强信任并促进成长。这种认知转变让他在后续管理中表现得更加自信。

其次，成长型思维强调正确归因。例如，一家初创企业在新产品推广中销量远低于预期，市场负责人最初将失败归因于市场竞争激烈，甚至质疑产品的吸引力。通过深入分析，他发现问题的根源在于推广渠道单一，未能触及目标客户群。调整策略后，公司在后续推广中销量大幅提升。这种正确归因避免了过度否定自身，帮助企业找到并解决了关键问题。

最后，思辩力通过不断优化实践路径，推动持续改进。例如，职场新人通过总结项目中的不足，逐步调整工作方式，最终显著提升了个人效率和团队协作能力。在这一过程中，成长型思维与思辩力的结合，帮助个人在不断试错中找到更适合自身发展的方向。

思辩力与成长型思维的长期价值

成长型思维的长期价值在于帮助我们适应多变的环境，持续实现自我突破。在这一过程中，思辩力不仅是一种支持工具，更是一种核心驱动力。

通过对结果的反思和检视，我们能够更好地适应外部环境的变化，抓住新机会。同时，思辩力帮助我们以更理性和积极的方式面对挫折，减少因失败带来的心理负担，增强解决问题的动力。这种内在的韧性不仅让个人在面对挑战时更加从容，也为实现更大的目标提供了保障。

更重要的是，思辩力与成长型思维相辅相成，不断推动个人突破既有认知的限制，构建更成熟、更完善的思维框架。这种能力将使我们在职场、学习和生活中始终保持领先，为未来的发展打下坚实的基础。

成长型思维为我们提供了探索新可能的动力，而思辩力则为这一过程提供了方法支持。通过不断反思、调整和优化，我们能够在复杂环境中保持灵活性和创造力。掌握这两种能力，我们将能不断超越自我，迈向新的高度。

17.4　拥有独特性 vs 保持开放性

在思考和决策中，如何平衡独特性与开放性是思辩力的重要课题。独特性意味着我们拥有自己的观点和结论，而开放性则强调我们愿意检视这些结论形成的过程。通过思辩力，我们不仅能在多元化环境中保持独特性，还能在遇到异议时，将其转化为改进的契机。这种能力使我们在保持独立思考的同时，不断优化自身的认知和决策。

独特性与开放性的辩证关系

独特性和开放性看似矛盾，实则是思辩力的一体两面。独特性让我们在复杂环境中形成自己的见解，而开放性则保证我们不被固有认知所束缚。例如，一名产品经理在团队会议中提出了一个优化用户界面的方案，他认为简化界面能提升用户体验。然而，技术团队担心这种调整可能增加高级功能的使用难度。面对异议，产品经理没有固守自己的观点，而是运用思辩力逐步检视设计方案的形成过程。他从以下几个关键维度展开了深入反思。

●用户需求假设的准确性：他重新审视了用户数据，发现部分用户更关注高级功能的便捷性，而这一点在原方案中被忽略了。

●技术实现的可行性：他与技术团队详细讨论，明确哪些功能可以简化，哪些需要保留，从而确保方案在技术上具备可执行性。

●用户体验与商业目标的平衡：通过研究竞争对手的设计，他发现可以采用分层次界面设计，这样既能满足新手用户的简洁需求，又能保留资深用户所需的高级功能。

通过层层剖析，他对原有方案进行了调整，最终优化了设计，使界面既简洁又功能完备。这次经历不仅提升了产品设计的效果，也让团队从异议中获得了更优质的解决方案。

在更复杂的场景中，思辩力的作用更加显著。例如，某跨国公司研发团队在新产品开发中，就技术路线产生了分歧。项目负责人借助思辩力，引导团队逐步分解每种方案所基于的假设，如市场是否接受技术创新的高成本，研发周期的延长是否影响竞争力等。通过检视这些假设的合理性并结合用户反馈数据进行模拟测试，团队最终选择了一条折中方案。这不仅提升了产品的竞争力，也强化了团队的思辩文化。

思辩力如何检视异议

在面对异议时，思辩力能够引导我们从多个维度检视结论的形成过程，包括假设、论据和推导逻辑的严谨性。这种深层次的反思为优化决策提供了依据。

例如，一名市场分析员在提交市场趋势报告后收到上级反馈，认为数据分析过于表面化，缺乏针对性。这名市场分析员运用思辩力，从以下几个环节检视了自己的思维过程。

●数据采集是否偏颇：他发现数据来源单一，未能充分涵盖市场的多样性。

●结论是否过于依赖经验：他意识到部分判断建立在主观经验上，而非严格的数据分析。

●建议是否与实际需求匹配：他深入分析客户需求后，调整了建议的方向，使之更具针对性。

通过对这些环节的审视，他不仅完善了报告内容，还优化了更科学的分析方法，最终在随后的报告中赢得了管理层的高度认可。

在另一案例中，某职场新人在项目总结会上提出的改进建议遭到质疑。他没有急于辩解，而是仔细回顾自己提出建议的思维过程，发现了存在的问题：数据支持不足和执行方案缺乏可操作性。通过补充详细的数据分析和具体的执行步骤，他在下一次会议上赢得了团队的认可。这一经历不仅提升了方案质量，也帮助他在团队中建立了更高的专业信任度。

由此可见，思辩力通过逐层剖析思维过程，能够帮助我们发现盲点、优化结论，并增强对异议的包容性和吸收力。

将异议转化为成长的营养

将异议视为成长的契机是个人和团队不断进步的重要策略，也是我们拥有成长型思维最重要的体现。思辩力能够帮助我们从不同视角审视问题，避免陷入思维定势。它不仅提升了个人决策能力，也增强了团队成员适应多变环境的心理韧性。

例如，一位初创企业的创始人在筹集资金时频繁遭遇投资人的质疑。然而，他没有将这些异议视为否定，而是利用思辩力分析得到的反馈来调整商业计划和推广策略，最终成功吸引到投资。这种面对异议时的开放心态让他在竞争激烈的市场中脱颖而出。

处理异议的理想方式可以这样来形容：当我们的观点遇到质疑时，我们就把自己的观点与对方的观点放在同等重要的位置，然后对不同观点的形成过程进行检视，以获得更深刻的理解。

要做到这一点是很难的，因为偏好自己的观点是我们的天性。只有将这种偏好转化为对更深刻的洞察的热爱，我们才能变得客观和理性，从而将异议转化为成长的营养。

如果我们能够养成将异议转化为营养的习惯，那么与不同观点的人的沟通就是我们的学习机会。设想一下，当我们能够真正做到这些时，每天的社交活动就成了我们成长的"课堂"。

通过思辩力的反思和优化，我们能够将异议转化为成长的动力。这种能力让我们更加从容地应对挑战，不断提升个人和团队的适应力、创造力和竞争力。

第18章 职场中的思辩力

在职场中，思辩力是一种至关重要的能力，贯穿于不同层级和职能的工作场景。它能够帮助管理者和团队成员洞悉业务本质，优化资源配置，推动高效协作与决策落地。从分析具体问题到制定长远战略，思辩力在复杂多变的职场环境中展现出无可替代的价值。

无论是基层员工的高效执行，中层管理者的跨部门协调，还是高层领导者的战略布局，思辩力都能为其提供清晰的方向和有力的支持。本章将深入探讨思辩力在职场中的具体应用，涵盖不同层级对思辩力的要求、业务洞察、团队协作以及高效决策等多个方面，帮助读者全面了解思辩力如何成为职场发展的核心驱动力之一。

18.1 不同层级对思辩力的要求

在职场中，管理者的思辩力是驱动业务发展的核心力量。优秀的管理者既深入业务，又超脱于具体事务。他们所深入的，是对业务规律的洞察；他们所超脱的，是具体操作层面的技能。正是这种能力，让他们在复杂环境中能够准确把握问题的本质，优化资源配置，推动决策的精准落地。思辩力为这一切提供了坚实的基础，使管理者能够从信息中提炼洞察，在挑战中找到机会，并持续推动团队与组织的成长。

随着管理层级的提升，对思辩力的要求也逐渐提高。基层员工需要运用思辩力解决具体问题，确保执行工作的高效与准确；中层管理者需要站在更高的层级，跳脱事务细节，理解不同职能之间的价值关联，通过跨部门协作推动达成更大的目标；而高层领导者则需要以全局视角，通过深刻洞察行业趋势和市场动态，引领企业在变化中保持竞争优势。

基层员工：从任务执行到问题解决

基层员工直接参与企业的日常运营，思辩力对他们来说是一种重要的工具，帮助他们在高效完成任务的同时发现问题并提出改进方案。例如，一名仓库管理员在每日的盘点工作中发现库存记录与实际情况总有偏差。通过对入库和出库环节的检查，他发现了某些细节上的漏洞，如货物入库时未能及时记录、部分记录不准确，或没有实时更新。为了避免类似问题的再次发生，他建议优化库存管理流程，引入条形码扫描技术以减少手工录入的误差。这一举措不仅提高了盘点的准确性，还大幅缩短了工作时间。

另一个案例是，一名客服专员在处理客户投诉时发现公司针对高价值客户的补偿策略存在不一致的情况，导致部分客户体验下降。他通过分析不同客户群体的反馈数据，建议制定更精准的补偿规则，从而提升了客户满意度和公司声誉。

基层员工的思辩力通常体现在快速发现异常、深入分析问题和提出具体解决方案的能力上。这种能力不仅帮助他们完成任务，还为团队的整体效能提升提供支持。通过这些实际行动，基层员工展示了思辩力在基础层面的价值，为企业创造了直接效益。

中层管理者：从业务规律到跨部门协作

中层管理者是连接企业战略和执行的关键桥梁。他们需要透过事务的细节洞察业务规律，并理解不同职能之间的价值关联，这样才能有效带领团队并通过跨部门协作推动达成更大的目标。例如，一名市场部经理在制订年度推广计划时发现销售部门的数据与研发部门的产品规划存在脱节现象。市场部经理没有简单地在两个部门间传递信息，而是通过深度沟通，分析各自的目标与限制，找到共同关注点。他帮助销售部门更准确地理解产品的核心竞争力，同时促使研发部门优化技术方案以更贴合市场需求。最终，三个部门在资源和策略上实现了协同，推广计划的执行效率和效果显著提升。

通过洞察业务规律，中层管理者能够精准识别不同职能之间的核心价值点，并以此为基础推动资源优化。这种能力帮助他们更有效地协调各部门，共同完成复杂项目。同时，他们在带领团队时，能够以清晰的逻辑和深刻的洞察引导成员在复杂情境中找到解决之道。正是这种高水平的思辩能力，使中层管理者能够为企业的发展提供强有力的支持。

高层领导者：从全局思维到战略布局

高层领导者的思辩力则体现在更宏观的层面。他们需要从大量信息中提炼出关键洞察，对行业趋势和市场动态进行深入的分析，做出准确的判断，并据此制定企业的长期战略。例如，一家传统制造企业的CEO在行业整体利润下降的情况下，通过分析全球市场动态和客户需求，发现智能制造和绿色生产将是未来的主要趋势。于是，他迅速调整企业战略，投资研发智能化设备和环保生产技术，从而在激烈的市场竞争中成功占据先机。

另一个案例是，一家全球零售企业的CEO在面临国际市场物流中断时，通过深入分析各地政策和供应链分布，迅速调整全球采购策略，确保关键产品的稳定供应，为企业在全球范围内赢得了市场竞争优势。

高层领导者的思辩力不仅体现在对外部环境的深刻洞察上，还表现为整合企业资源的能力。他们通过对行业趋势的敏锐捕捉和企业内部资源的合理分配，制定出具有前瞻性和竞争力的战略方案。同时，他们能够在不确定性中保持冷静，以平衡风险与机会的方式引领企业突破瓶颈，实现长远发展。这种高效的思辩能力，使高层领导者能够在变化中抓住机遇，推动企业稳步前行。

通俗来讲，拥有出色的思辩力，就是拥有一个"好脑子"。我们很难想象，一个组织的高层管理人员如果没有出色的思辩力，其决策会导致什么样的后果。一个人如果想在职场上获得升迁，思辩力的提升是前提。基层员工能够通过思辩力在日常工作中提出改进建议，为个人成长奠定基础；中层管理者则可以凭借思辩力在团队协作和跨部门资源整合中展示领导力，从而获得更高的认可；而高层领导者更需要通过思辩力在复杂环境中制定精准的战略，为企业发展创造价值。思辩力不仅是职业发展的必备能力，也决定了一个人在职场中能走多远。

18.2　思辩力与业务洞察

在商业竞争日益激烈的今天，业务洞察已成为企业制胜的关键能力。业务洞察是指管理者通过分析和解读大量数据，从中提炼出对企业战略和运营有直接指导意义的深刻见解。这不仅依赖数据的收集和分析，更需要借助思辩力对数据来源、假设和结论进行全面检视，从而确保业务洞察的深刻性、准确性和可操作性。思辩力通过发现盲区、质疑假设、评估论据的质量及其与结论的关联，帮助管理者在信息复杂、变化迅速的环境中做出明智决策。

从数据中洞察市场趋势

市场趋势的分析是业务洞察的重要组成部分，而数据只是趋势的表面，真正的洞察需要通过思辩力深入剖析。例如，一家快消品公司在分析消费者行为数据时发现，越来越多的消费者倾向于购买低糖、低脂的健康食品。这一趋势表面上为公司提供了进入健康食品市场的方向，但通过思辩力检视数据来源和分析方法后，管理层发现，这一现象的背后还受到季节性促销活动的影响，导致部分数据存在偏差。

在进一步分析中，他们从线上销售平台的购买数据提取出目标客户的偏好，同时对比线下门店的销售数据，发现两者趋势基本一致。然而，通过思辩力检视数据来源后，他们意识到部分数据偏向一线城市，可能无法全面反映二三线市场的需求。因此，他们引入第三方调研数据，对数据进行补充验证，最终确认了健康食品需求的长期增长趋势源于消费者对健康生活方式的追求。

基于这一洞察，该公司调整了产品线，并开发了针对性更强的营销策略，成功抢占了市场先机。通过对数据分析过程的检视，思辩力帮助管理者从海量信息中提炼出真正有价值的洞察，为战略决策提供了坚实的基础。

评估风险与规避策略

在进入新市场、拓展新业务时，管理者面临的最大挑战之一是如何有效评估潜在风险并制定规避策略。例如，某跨国企业计划进入一个新兴市场，在初步调研中发现该市场的消费潜力巨大，但当地的政策法规尚不明朗。管理层通过思辩力检视了收集到的市场数据，重点关注数据的可靠性以及数据背后隐藏的假设。他们发现，初步调研中关于市场规模的预测建立在较单一的数据来源上，而这些数据可能高估了实际需求。

通过进一步分析，他们对既有假设进行了质疑，并对关键政策风险进行了细致的评估。他们综合考虑了供应链的稳定性、竞争对手的市场布局以及潜在的政策波动，最终决定采用试点模式逐步进入该市场。与此同时，他们设计了一套灵活的市场退出机制，以应对可能出现的政策变化。

思辩力在这一过程中发挥了关键作用，通过审视假设的合理性和数据的充分性，帮助企业识别潜在风险并制定更稳健的进入策略。这种以审慎为基础的洞察为企业规避了可能的损失，同时确保了扩张计划的顺利实施。

优化业务模型

优化业务模型是企业保持竞争力和实现可持续发展的重要环节。例如，某创业团队在经历一段高速增长后，突然面临增长停滞的问题。团队通过思辩力对现有业务模型进行了全面检视。他们发现，过去的增长主要依赖于价格竞争，这虽然在短期内吸引了大量客户，但客户黏性较低，无法为企业带来长期稳定的收入。

在进一步的分析中，该团队不仅质疑了自身对目标市场的假设，还深入研究了客户的真正需求。通过与客户的直接访谈，他们发现，高性价比的确是吸引客户的一个重要因素，但真正能够提升客户忠诚度的是售后服务的质量和产品的持续改进能力。

基于这一洞察，团队重新设计了业务模型，从单纯依靠价格竞争转向提供更优质的售后服务和更高效的产品更新。他们还开发了一套客户反馈系统，以持续优化产品和服务。这一系列举措不仅提升了客户满意度，还成功地实现了收入增长。

这一案例说明，思辩力能够帮助企业深入审视业务模型，找到隐藏的问题并探索出更具创新性的解决方案。通过不断质疑和检视，企业得以适应快速变化的市场环境，并在竞争中保持优势。

从业务洞察到决策支持

思辩力不仅是业务洞察的核心推动力，也是高质量决策的基石。从数据分析到风险评估，从模式优化到资源整合，每一个环节都需要通过思辩力进行深刻的思维过程检视，确保得出的洞察具有足够的科学性和实践价值。

一个人如果能够熟练运用思辩力在工作中发现问题、深入分析并形成有效洞察，就能在职场中脱颖而出。企业管理者更是如此，他们通过思辩力将复杂的业务问题逐一破解，为企业的发展提供了坚实的智力支持。正是这种能力使企业能够在市场竞争中不断创新，并持续推动组织向前发展。

18.3 优化团队沟通与协作

在现代职场中，高效的沟通与协作是团队成功的基石。然而，信息失真、责任模糊，以及部门间看待业务的不同视角，常常导致团队协作效率低下，甚至影响组织的整体绩效。这些问题不仅阻碍目标的达成，还可能削弱团队的凝聚力。思辩力作为一种深刻检视思维过程的能力，能够帮助团队识别盲区、质疑假设、优化沟通模式，从而在多样化的团队环境中提升协作效率。通过思辩力，团队不仅能解决实际问题，还能将异议转化为成长的营养，从不同视角获得更深刻的业务洞察，推动团队协作到达更高层次。

用思辩力改善团队内部沟通

团队内部的高效沟通是协作成功的前提。然而，由于团队成员背景、专业领域或表达方式的差异，沟通中的信息失真和误解常常影响工作的顺利进行。例如，某研发团队在进行新产品开发时，由于成员的学科背景不同，对技术术语的理解存在偏差，导致信息传递失真，项目进度多次延误。在团队会议的深入讨论中，大家运用思辩力分析了问题的根源，发现沟通中的主要盲区在于术语的定义模糊和信息反馈机制的缺失。

为解决这个问题，团队决定制定一套统一的术语表，同时建立标准化的反馈流程，确保每次沟通都能精准表达需求和进展。在这个过程中，团队成员对自身思维过程进行了检视，特别是在定义术语时，通过反复追问和澄清，将潜在的误解逐一消除。这一调整显著提升了团队的沟通效率，减少了因误解导致的返工和延误。通过思辩力的检视，团队不仅改进了信息传递的方式，还加强了成员之间的理解和信任。事实证明，清晰的沟通能够有效减少内部摩擦，而思辩力为此提供了不可或缺的支持。

思辩力在跨部门协作中的应用

跨部门协作往往因看待业务的不同视角而面临更多挑战。这种视角差异虽然容易引发争议，却也能通过思辩力转化为对业务的深刻洞察，从而促进创新和改进。例如，某公司在推出新产品时，市场部与生产部门出现了明显分歧。市场部关注用户体验，提出了对产品外观和功能的高标准要求，而生产部门则从成本和技术的可行性出发，认为这些需求难以实现，双方僵持不下。为打破僵局，项目负责人组织了一次跨部门研讨会，运用思辩力对各方提出的观点进行深入检视。

在讨论中，市场部通过数据展示了用户对高品质产品的需求，而生产部门则详细阐述了现有技术条件下的成本和风险。双方通过分享各自得出结论的过程，并在这些过程中发现隐藏的假设、评估相关论据，不仅找到了解决方案，还对各自的业务有了更深刻的理解。市场部认识到在设计方案中必须考虑技术可行性，而生产部门也意识到优化生产工艺的重要性。最终，团队整合了双方的意见，成功推出了一款兼具用户体验和成本优势的产品。

通过这次协作，团队收获的不仅是问题的解决方案，更是对彼此业务逻辑的深刻洞察。市场部调整了用户调研的方法，以更贴近技术可行性；生产部门则在工艺流程中引入了用户体验评估环节。这种跨部门的相互理解和改进，正是"将异议转化为成长的营养"的最佳体现。

在这种跨部门的协作中，最常见的思维假设就是"非此即彼"：要么达成A部门的目标，要么牺牲A部门的目标，以达成B部门的目标。然而在多数情境中，公司都期待跨部门的讨论基于"既达成A部门的目标，又达成B部门的目标"的双赢假设。

思辩力的真正价值在于，它不仅解决了具体的沟通与协作问题，还在长时间内为组织的成长奠定了基础。从优化团队内部沟通，到推动跨部门协作，再到提升团队的凝聚力，思辩力的作用贯穿协作的各个环节。一个高效的团队需要不断提升其沟通与协作能力，而思辩力是这一过程中不可或缺的驱动力。

为了更好地实践这一点，团队可以采取以下措施：通过会议定期复盘，回顾项目进展，检视团队沟通与协作中的盲点和不足，并制定改进方案；通过跨部门研讨会，为不同职能部门提供一个开放讨论的平台，深挖问题本质，实现更好的协同效果；同时，建立反馈机制，确保团队成员在沟通中能够及时反馈问题，并通过思辩力剖析反馈内容，优化信息流。通过这些实践，思辩力能够逐步融入团队文化，帮助团队在日益复杂的环境中持续成长。这不仅增强了团队的凝聚力，也为组织的发展注入了持续的创新动力。

18.4 高品质决策

高品质决策是企业发展的核心驱动力，也是管理者在复杂环境中脱颖而出的关键能力。然而，决策过程常常因信息不完全（在许多情况下也不可能获得全部信息）、隐含假设和主观偏见的干扰而变得困难重重。思辩力通过对决策过程中各个环节的深刻检视，帮助管理者剖析问题的本质、评估选择的优劣，从而提升决策的科学性和可执行性。在今天这样一个信息过载的时代，思辩力的应用显得尤为重要，它不仅是一种思维工具，更是提升决策质量的核心保障。

明确目标：解决真正的问题

高品质决策的第一步是明确目标，准确识别需要解决的核心问题。然而，在实际工作中，目标常因信息失真或认知偏差而模糊不清。例如，某零售企业在新冠疫情期间销量下滑，管理层最初将问题归咎于价格因素，于是将目标设定为"通过大规模折扣活动刺激消费"。然而，通过思辩力对市场数据进行深入分析，团队发现消费者对健康和卫生的关注远高于价格。针对这一洞察，管理层重新调整了目标，将"满足消费者对健康需求"作为核心。企业随即调整策略，优化产品包装和门店卫生标准，同时强化健康理念的宣传，最终成功扭转了局面。

这一案例表明，思辩力能够帮助管理者从表面现象深入问题本质，并清晰地界定了决策目标。明确目标是高品质决策的起点，而思辩力为这一过程提供了清晰的思维框架。

谈到目标，我们也可以联想到果敢力。果敢力强调的是目标明确，而思辩力则重视目标的合理性。例如，很多人在学习影响力时，都希望能够掌握一种"让别人听我的"的技能。但事实上，将影响人的目标确定为"让别人听我的"，本身就是值得商榷的。其中的逻辑很简单，如果对方也确定这样的目标，最终的结果只能是"谁也不听谁的"。

检视假设：发现并分析隐性假设

在目标明确后，决策的关键是确保假设的合理性和基础的稳固。管理者往往依据某些隐含的假设做出判断，而这些假设是否成立将直接影响决策的有效性。很多时候，这些假设甚至未被意识到，以致决策偏离初衷。例如，一家科技公司计划进入新兴市场，其核心假设是该市场对高端产品的需求旺盛。通过思辩力的分析，团队意识到他们的分析和得出的结论还建立在一个此前未意识到的假设——消费者有足够的支付能力的基础上。进一步的市场调研发现，虽然部分消费者表现出对高端产品的兴趣，但市场整体的支付能力有限。

通过思辩力，团队不仅发现了这一隐性假设，还对其进行了深入检视，调整了战略方向。最终，公司推出了性价比更高的中端产品系列，大获成功。这一过程表明，发现并分析隐性假设是避免决策偏差、确保结果准确的重要前提。

评估论据：确保数据支持的质量

高品质决策离不开扎实的论据支持，但并非所有数据都具有同等的可靠性和相关性。例如，一家连锁餐饮企业在扩展新店时，通过分析过去几年的门店表现数据，得出"人流量越高，门店业绩越好"的结论。然而，团队通过思辩力的进一步剖析，发现某些高人流量区域的实际消费转化率偏低，而低人流量但定位明确的社区型门店反而更具盈利潜力。基于这一发现，该公司重新评估了选址标准，并在新店布局上取得显著成效。

这一过程展示了思辩力在评估论据中的价值：不仅要看数据表面的"符合性"，更要剖析其背后的逻辑和关联性。只有基于高质量论据的决策，才能在复杂环境中取得优势。

平衡风险与收益：寻找最优方案

在多种备选方案中进行选择时，管理者需要在风险与收益之间找到最佳平衡点。例如，某制造企业面临是否引入新技术的抉择，新技术虽然有望提升生产效率，但也可能因高昂的初期投入带来资金压力。管理层通过思辩力深入分析，列举了两种极端情况下的可能结果，并结合企业的财务状况、市场趋势进行综合评估。最终，他们决定逐步引入新技术，以试点形式降低风险，同时保留了未来全面推广的灵活性。

通过思辩力的支持，管理者能够在权衡利弊中做出更稳妥的选择，既规避了潜在风险，又抓住了增长机会。这种平衡能力是高品质决策的重要体现。

思辩力贯穿于决策的每个环节，从目标设定到方案选择，其应用能够显著提升决策的科学性与可行性。通过系统地检视假设、验证关键数据和模拟不同情境，管理者可以深入剖析问题的本质，优化每一项决策。在实际工作中，这种能力能够帮助团队避免认知偏差，提升决策效率，最终推动组织目标的实现。

在信息复杂、环境多变的职场中，思辩力是解决问题和提升决策质量的重要工具。它不仅帮助管理者从信息中提炼洞察，还能识别盲点、修正错误假设，从而确保决策基础更加稳固。通过对论据的全面评估和对不同方案的理性权衡，管理者能够更精准地选择出符合企业长远利益的方案。正因如此，思辩力已经成为推动企业持续成功和成长的关键能力。

18.5　打造有思辩力的团队

在职场中，团队的成长和成功依赖于持续提升决策质量、增强解决问题的能力以及强化业务洞察水平。思辩力为团队提供了清晰的思维框架，使团队成员能够在复杂环境中剖析问题本质、检视思维过程，并从中提炼更高质量的观点与结论。这种能力让团队不仅能够实现高效协作，还能在不断变化的复杂环境中捕捉更多机会。

建立越辩越"明"的团队文化

越辩越"明"的文化是思辩力在团队中落地的关键。一个有思辩力的团队不仅鼓励个体独立思考，还强调通过理性讨论共同提升结论的质量。通过这种文化，团队成员能够在观点碰撞中找到改进方向，最终提升决策品质。

在许多团队中，讨论往往因争论输赢而失去意义。成员之间为了证明自已正确，很容易陷入情绪化对抗，甚至导致讨论偏离主题，最终影响决策效率和团队合作。而在真正具备思辩力的团队中，讨论的目标是通过检视思维过程，加深对问题的理解，优化解决方案。这种越辩越"明"的讨论文化将争论的焦点从"谁对谁错"转向"如何更好地解决问题"，从而为团队提供清晰的方向和更高质量的决策支持。

例如，某零售公司在布局新市场时，鼓励销售、产品和运营团队各自提出进入策略。销售团队提出先用促销手段吸引客户的建议，运营团队则建议从优化物流入手，而产品团队则主张以新品类的推广为突破口。在讨论过程中，通过相互质疑和对数据的深入分析，各团队发现所有策略的前提都依赖于一个隐性假设：目标市场的客户消费能力与现有市场相当。经过进一步验证，这一假设并不完全成立。最终，团队调整策略，以更低成本的试探性进入计划对新市场进行验证，从而避免了不必要的资源浪费。

越辩越"明"的文化鼓励团队在讨论中挖掘隐藏假设，剖析数据背后的逻辑，避免草率地得出结论。通过这一过程，团队不仅优化了决策，还提升了对业务本质的理解，推动了整体执行效果的提升。

越辩越"明"的团队文化更大的价值在于，这样的团队会为每个成员提供成长的营养：当一个成员分享业务见解，并以越辩越"明"的方式与其他成员讨论时，他的业务见解将得到打磨，他对业务的理解将得到深化。长此以往，团队中每个成员的观点就会越来越有质量，讨论也会越来越有深度，整个团队的业务洞察力、解决问题的能力和做出决策的品质，都会得到持续提升。

训练思辩技能，夯实团队思维基础

思辩技能的系统训练是团队提升思维品质的关键。通过引入专业的思辩力训练课程，团队成员能够更加熟练地识别假设、评估论据和优化结论，从而在关键任务中展现更高水平的思维能力。

在缺乏思辩技能的团队中，成员常常仅凭经验和直觉做出判断，而忽略了对信息的深度分析和论据的逻辑检视。这种思维模式容易导致偏差和错误，进而影响整体工作成果。例如，某制造企业的研发团队在推进新技术项目时，面临着技术路径选择的难题。团队通过引入专业的思辩力训练课程，逐步学会从不同角度检视技术方案。项目初期，团队倾向于选择成本最低的方案，但经过对市场需求、长期维护成本及技术可靠性的深度分析，他们发现这一选择的假设过于乐观，忽略了后期可能的风险。最终，团队选择了一种综合性更强的方案，确保了项目的稳定推进，并成功抢占市场先机。

这种训练不仅提升了团队的技术能力，更强化了团队从多角度评估问题的思维方式。

营造包容的讨论氛围，提升观点质量

包容的讨论氛围是团队运用思辩力的必要条件。在这样的环境中，团队成员可以自由地表达观点，并在讨论中相互启发、不断提升结论质量。讨论的关键在于既倾听每个成员的独特观点，又通过讨论提升观点的科学性与严谨性。

在一些团队讨论中，成员因害怕被否定而选择沉默，这不仅抑制了创新，也限制了团队视角的多样性；而包容的讨论氛围则能够让成员消除顾虑，自由表达自己的看法。例如，某创新型初创企业在产品开发会议中，设计团队与营销团队就功能优先级问题产生了分歧。通过深入的讨论，团队发现设计团队的方案虽然功能多样，但用户体验较为复杂，而营销团队的方案则未充分考虑用户潜在需求。在讨论中，团队通过检视双方的分析过程，发现各自方案的不足之处，并结合数据重新定义了功能优先级，最终推出了一款兼具高效和便捷的产品。

包容的讨论氛围不仅鼓励成员表达自己的见解，更使每个观点经得起理性分析和改进，从而显著提升团队整体的思维深度与决策质量。

在鼓励成员表达见解这个方面，我也想提及果敢力。果敢力倡导敢于表达，希望团队中的每个成员都不要因为顾虑不发表意见。但思辩力强调的是表达的质量，同时也希望每个人所表达的观点是经过思辩的。正因如此，有时候我会在果敢力的课堂上强调这样的观点：敢于表达，但不信口开河。

强化反思与复盘机制，深化思维过程检视

反思与复盘是团队优化思维过程的关键。通过复盘，团队能够系统地检视项目执行过程中的思维偏差与逻辑漏洞，从而为未来的改进提供依据。

在一些团队中，复盘流于形式，仅停留在表面现象的总结，忽略了对决策链条和思维过程的深入剖析，这种复盘无法为团队带来真正的改进。没有思辩力的复盘，其实是浪费时间或自我安慰。例如，在某互联网公司的复盘中，团队对一次产品迭代失败进行了全面剖析，发现项目计划中存在多项未经验证的假设，如"用户更关注功能创新，而非稳定性"等。团队通过对用户反馈的深入分析，调整了下一版本的开发重点，专注于提升产品的稳定性和性能，最终获得了用户的高度认可。

强化反思与复盘机制，不仅是为了发现错误，更是不断提升团队思维品质的核心手段。通过对思维过程的检视，团队能够及时识别盲点和偏差，从而在未来的决策中表现得更加稳健。

在团队建设中，思辩力既是一种思维方法，也是一种提升团队协作与决策效率的核心力量。通过营造包容的讨论氛围、系统训练思辩技能以及强化反思机制，团队能够在复杂环境中准确把握问题的本质，不断优化结论，推动组织实现持续增长。一个有思辩力的团队不仅能够高效解决当前问题，更能为未来的发展奠定坚实基础。

第19章 生活中的思辩力：从日常 困境到理性突破

生活中充满了各种复杂的情境，从家庭冲突到育儿挑战，从社交分歧到理性选择，思辩力正是应对这些问题的利器。它帮助我们超越表面现象，深入分析问题背后的隐性假设和逻辑关系，从而做出更理性、更有效的决策。通过思辩力，我们能够在日常困境中找到突破口，提升沟通与理解的深度，化解冲突，优化选择，最终实现个人和家庭的持续成长。

19.1 管理家庭冲突

在家庭中，冲突往往源于彼此未表达或未觉察的偏见、观念或假设，而情绪化的反应常常让问题更加复杂。思辩力通过检视思维过程，帮助家庭成员深入了解冲突的根源，超越表面的情绪对抗，找到真正有效的解决之道。通过识别这些认知基础、建立沟通桥梁、有效管理情绪以及优化家庭互动，思辩力能够让家庭关系更为和谐稳定。

化解家庭矛盾

家庭矛盾的本质往往是认知差异的冲突。这种差异可能来源于彼此未觉察的偏见或假设。例如，夫妻之间可能因分工不均而产生争执。丈夫得出"在家时间更长的一方应承担更多家务"的结论，其背后的偏见是"工作时间短意味着责任更少，或者更轻松"。妻子则坚持"家务应该平均分配"，其背后的基本观念是"婚姻中的责任需要绝对平等"。

通过思辩力，双方可以共同检视这些认知差异。丈夫反思了是否忽略了妻子在家庭中其他方面的贡献，而妻子重新评估了分工是否需要完全对等，还是应该更加灵活，以及什么是婚姻中真正的平等。经过理性探讨，他们制定了更合理的家务分工方式，既提升了分工效率，也避免了类似矛盾的再次发生。

相比之下，如果缺乏思辩力，这种矛盾很容易升级为对对方的不满甚至指责。例如，某对夫妇长期在家务分配问题上争执不下，导致双方关系逐渐紧张。通过对认知差异的厘清，家庭成员能够更理性地面对矛盾，并找到基于事实和理解的解决方案，为关系的稳定奠定基础。

协调家庭资源

在家庭财务或资源分配方面，认知差异也会引发冲突。例如，某家庭在讨论是否购买新车时，丈夫认为"买车能提高全家出行的便利性"，其背后的观念是"便利性比经济性更重要"。妻子则坚持"储蓄优先"，其背后的观念是"储蓄是应对不确定性的最佳保障"。

未经过思辩力检视，这样的分歧很容易演变为争执。丈夫可能指责妻子不顾家庭便利，妻子则认为丈夫缺乏财务规划意识。通过思辩力，他们深入分析购车的必要性和家庭财务状况。丈夫意识到便利性固然重要，但长期经济压力不容忽视；妻子则认识到适当提升便利性可以改善生活质量。最终，他们决定推迟购车计划，同时储备资金，为未来购车做好准备。

反之，在某家庭的购车决策中，夫妻双方都坚持自己的立场，未能有效沟通，最终导致矛盾升级，家庭氛围变得紧张。

由此可见，通过重新定义问题，家庭成员能够以更理性的视角协调资源，避免冲突升级，找到更适合的解决方案。

提升互动质量

沟通方式不当是导致家庭冲突的常见因素。思辩力在优化家庭互动中起到了关键作用，能够帮助家庭成员理性沟通，避免因情绪化判断导致的矛盾升级。例如，某家庭定期举行"家庭反思夜"，家庭成员通过回顾一周内的矛盾或困惑，分享自己的想法。在一次反思中，父亲意识到自己对孩子学习成绩的过度关注源于一个固有偏见："只有好成绩才能确保未来成功"。在讨论中，家庭成员探讨了成功的多样性，父亲逐渐调整了对孩子的期望，从而减轻了孩子的学习压力。

相反，某家庭在讨论孩子课外活动时，由于父母各执己见，争论不断，导致孩子错失参与活动的机会。这种情况进一步加剧了家庭内部的紧张关系。通过建立理性、开放的沟通机制，家庭成员可以在互动中不断优化思维模式，为更健康的家庭关系奠定基础。

在管理冲突中成长

每一次家庭冲突都蕴藏着成长的契机。通过思辩力，家庭成员能够从冲突中汲取经验，逐步提升解决问题的能力。例如，某家庭在讨论旅行计划时，父亲希望选择节约型路线，而母亲则倾向于更高品质的住宿体验。双方情绪激动，无法达成一致，导致旅行计划暂时搁浅。

在反思过程中，他们运用思辩力重新审视各自的需求。父亲认识到旅行不仅关乎成本，更关乎创造家庭记忆；母亲则意识到高质量体验需要控制在预算范围内。通过调整，他们设计出兼顾经济与体验的行程，并从中学会了更有效的沟通和决策方法。

相反，由于缺乏对冲突的反思，某家庭在相似情境中一直在类似问题上重复争执，浪费了宝贵的时间和精力。思辩力能够帮助家庭成员将冲突转化为学习的机会，从而持续改进彼此的互动模式，打造更加和谐的家庭环境。这种能力不仅帮助他们解决了当下问题，也为未来更复杂的家庭决策提供了宝贵的经验。

在管理家庭冲突时，思辩力是一种不可或缺的能力。通过帮助家庭成员检视认知差异、重新定义问题、优化互动模式以及从冲突中汲取经验，家庭成员能够不断提升解决问题的能力。这种能力帮助家庭成员超越表面的矛盾，实现更深层次的理解，从而为每位成员的成长提供理性支持和情感滋养。

19.2 应对育儿挑战

育儿过程充满了复杂性和挑战。每个家长都希望自己的孩子能够在学业、品格和能力上全面发展，但许多时候，育儿效果受到家长隐性假设、偏见和传统观念的影响，导致教育策略无法真正促进孩子的成长。思辩力的应用能够帮助家长更深入地检视这些问题，从而优化育儿方式，有效培养孩子的果敢力、自驱力和思辩力。

明确培养目标

在育儿方面，如果有人与我讨论目标，我会说，在软实力方面，把孩子培养成拥有果敢力、自驱力和思辩力的人就可以了。试想一下，如果孩子能够把这"软实力三原色"带入自己的学习和生活中去，让它们贯穿自己的成长全过程，孩子一定可以成长为一个能够充分激发其天生潜力的人。因此，我认为，育儿的根本目标之一就是培养孩子拥有果敢力、自驱力和思辩力，这三种能力将构成孩子未来成长和成功的重要基础。

- 果敢力：帮助孩子清晰认识自己的目标，并勇敢追求。孩子在面对学业难题时，能够以"目标明确、积极主动、想方设法"的状态直面问题，直到"不尽全力不罢休"方才接受最终结果。

- 自驱力：培养孩子对学习的热爱，让他们全情投入到学习中。通过不断改进学习方法，孩子能够自主完成学习任务，体验成长的乐趣。

- 思辩力：提升孩子的判断力，帮助他们在日常生活中发现盲区、审视思维过程，优化学习方法和生活决策。

这三种能力彼此支撑，让孩子能够在面对复杂问题时，始终拥有清晰的方向和高效的行动力。

优化育儿策略

在育儿过程中，家长往往因隐性假设或偏见而采取不合理的教育方法，甚至无意间抑制了孩子的潜力。

例如，某家长发现孩子的数学成绩持续下滑，便立即得出结论："孩子不够努力，需要更严格的学习监督。"于是，他给孩子布置了更多课外练习，并限制娱乐时间。然而，这种策略不仅没有提升成绩，反而让孩子对数学学习更加抵触，甚至对家长产生了反感。

通过反思，家长意识到自己的结论基于一个未被检视的隐性假设："学习成绩只取决于努力程度。"在更深入的观察中，他发现孩子的问题并非懒惰，而是学习方法不当。于是，家长调整了教育方式，为孩子安排了个性化的学习计划，并在辅导中强化了对基础知识的掌握。孩子最终重拾学习兴趣，成绩也得到了显著提高。

相反，有些家长虽然意识到问题的症结所在，却依然选择采取极端的补救措施，比如为孩子报名多个辅导班，结果进一步增加了孩子的学习负担。这些家长没有考虑到孩子的实际需求，反而加剧了矛盾。而思辩力能够帮助家长检视和修正隐性假设，从而制定更加科学的教育策略，使孩子的学习更加高效，成长更加健康。

用思辩力培养孩子的果敢力

果敢力是孩子在面对困难和挑战时的坚持与主动性，而过度保护或干预则可能削弱这种能力。

例如，某孩子在家中做数学竞赛作业时因一道难题而陷入困境，感到无从下手。他的家长看到后，立刻建议他放弃难题，先完成其他的作业。家长的这一建议看似合理，却让孩子逐渐形成了一种习惯性反应——遇到困难就选择退缩或规避。

家长通过反思意识到，这一行为习惯源于自己的隐性假设："不能解决的问题先放放，完成任务要紧。"于是，他重新调整教育策略，引导孩子逐步攻克难题。他帮助孩子设定"小目标"，先尝试解决部分步骤，再逐步完整解答。最终，孩子不仅成功解出了这道难题，还在之后的竞赛中取得了优异成绩。这次经历让孩子明白，在面对挑战时，坚持与主动尝试是非常重要的。

相反，有些家长为了避免孩子受挫，直接代替孩子完成困难任务。虽然短期内孩子可能体验到轻松，但长期来看，这种做法显然削弱了孩子的果敢力，使其在面对挑战时更加依赖他人。通过检视和修正自己的隐性假设，家长能够帮助孩子培养面对困难时的坚持和主动性，从而激发其果敢力。

通过思辩力激发孩子的自驱力

自驱力的关键在于内在动机的激发，而过度约束和外部强制往往会削弱孩子的学习兴趣。

例如，某家长每天严格规定孩子的阅读时间，并以剥夺娱乐为惩罚手段。这种高压模式让孩子对阅读逐渐失去了兴趣，最终只为完成任务而敷衍了事。家长没有意识到，他的教育方式基于一个隐性假设："强制学习能够培养习惯和兴趣。"

家长通过思辩力反思自己的教育方式，开始允许孩子自由选择阅读书目和安排时间。他还与孩子共同讨论阅读的目标和乐趣，帮助孩子找到对阅读的内在动力。在这样的自主环境中，孩子不仅重拾了阅读兴趣，还主动探索其他知识领域，养成了终身学习的习惯。

而有些家长为了激励孩子，采取奖励机制，比如用物质奖励换取学习成绩。然而，这种外部驱动的模式在短期内或许有效，但长期来看，很可能导致孩子失去对学习本身的兴趣，甚至把学习视为一种负担。思辩力让家长能够识别和调整隐性假设，为孩子创造自由探索和自主学习的环境，从而有效激发其自驱力。

在点滴间培养孩子的思辩力

思辩力是孩子成长中不可或缺的能力，它不仅帮助他们独立分析问题，还能让他们在复杂决策中找到更适合自己的答案。生活中的许多场景，特别是一些关键时刻，都可以成为培养孩子思辩力的契机。

例如，在高考填报志愿时，许多家长会代替孩子做出决定，甚至付费请咨询公司提供建议。这种做法虽然表面上看是为了孩子好，却剥夺了他们分析信息、思考逻辑和权衡选择的机会。而实际上，这正是孩子学习掌握信息分析方法、自主决策，并锻炼思辩力的宝贵机会。

一位家长采取了不同的做法。在志愿填报前，他与孩子一起研究了一些大学及其专业信息，包括未来的职业发展、个人兴趣与能力匹配等问题。他没有直接告诉孩子该如何选择，而是通过开放性问题引导孩子思考："你觉得这个专业的学习内容会适合你吗？""这个学校的地理位置是否影响你的其他计划？"孩子通过对比信息、评估个人兴趣与职业方向，最终独立做出了选择。这不仅让孩子更加理解自己的需求，也让他在关键决策中锻炼了思辩力。

除了重大决策，许多日常的情境也能成为培养思辩力的良机。例如，一位家长发现孩子总是随意选择兴趣班，并在几节课后感到乏味便放弃。家长没有直接干预，而是和孩子一起分析选择兴趣班时的考虑因素："你选择这个班是因为感兴趣，还是因为朋友也报名了？""如果你对内容不感兴趣，有没有尝试过和老师交流或调整学习方法？"在这个过程中，孩子逐渐意识到，选择兴趣班需要更深入地了解自己的兴趣点，并在过程中坚持尝试。这种引导不仅帮助孩子更加理性地选择兴趣班，还培养了他面对挫折时的分析与调整能力。

相反，有些家长习惯于干预孩子的决策或直接代替孩子解决问题，试图"帮孩子解决一切"。例如，当孩子与同学发生矛盾时，家长会迅速介入调解；当孩子面临选择时，家长往往替孩子做出决定。这种做法虽然短期内解决了问题，却剥夺了孩子自主分析问题和解决问题的机会，限制了他们独立思考的能力。

相比之下，通过培养思辩力，家长可以为孩子提供更有效的支持。例如，当孩子面临问题时，家长可以引导他们反思矛盾的原因，并提出开放性问题，如："你认为问题的根本原因是什么？""如果你是他，会怎么理解这件事？"通过这样的对话，孩子不仅能更深刻地理解问题，还能在下次遇到类似情况时更成熟地应对。这种方法不仅提升了孩子的分析能力，还能让他们逐渐养成独立思考的习惯。

培养思辩力需要时间和耐心，它并非一蹴而就的，而是在日常生活中一点一滴积累起来的。从高考志愿的申报到兴趣班的选择，再到日常人际问题的处理，家长在给予适度支持的同时，也应留出空间让孩子自主探索。只有这样，孩子才能在不断反思和决策中提升思维能力，为未来更复杂的挑战做好准备。

19.3　化解社交分歧

在日常生活中，人与人之间的分歧无处不在。朋友间因消费习惯不同而争执，婆媳间因育儿观念产生矛盾，邻里间因公共资源使用权意见不合，这些分歧如果处理不当，往往会导致关系疏远甚至对立。思辩力能够通过检视思维过程、质疑隐性假设，帮助我们理解他人立场、平衡各方利益，从而有效化解矛盾，推动社交关系向更和谐的方向发展。

理解对方立场，找到共同点

分歧常常源于彼此的视角差异。思辩力能够帮助我们通过换位思考，深入理解对方的立场，并在看似对立的观点中找到共同点。

例如，某次朋友聚餐，两人因选择餐厅发生分歧。一人主张去高档餐厅享受精致体验，另一人坚持经济实惠的地方。双方各执己见，聚会计划几近取消。通过冷静的讨论，他们发现共同目标是放松心情、增进友谊。最终，他们选择了一家环境优雅但价格适中的餐厅，不仅解决了分歧，还让聚会更加愉快。

在这一过程中，双方最初的隐性假设得到了检视：高档餐厅并不必然意味着更高品质的聚会体验，经济实惠也不意味着牺牲氛围质量。通过换位思考和找到共同点，他们不仅避免了关系恶化，还提升了对彼此观点的理解。相反，如果双方未能冷静沟通，可能会因为固守各自立场而错失一次愉快的聚会，甚至导致关系紧张。

在分歧中建立互信，深化关系

分歧处理得当不仅能够解决矛盾，还能成为深化信任的契机。通过思辩力检视分歧背后的隐性假设或偏见，可以为彼此理解和信任奠定基础。

例如，某小区的邻居A和B因停车位分配问题发生多次争吵。A认为B总是无视规则抢占车位，B则觉得A不尊重他的需求。两人关系逐渐紧张，甚至互不来往。在社区协调会上，双方通过讨论发现，他们对"公平分配"的理解不同：A的假设是"先到先得即公平"，而B认为"需要优先分配给长期住户"。社区工作人员通过检视这些假设，制定了一套轮换使用的规则，不仅有效解决了问题，也让两人重建了和谐的邻里关系。

这个案例显示，通过思辩力剖析假设、制定公平规则，能够让分歧转化为合作的契机，双方的关系也因此得到了进一步深化。如果缺乏思辩力，这种矛盾可能继续恶化，最终导致邻里关系破裂，甚至产生更多的社区矛盾。

通过理解对方立场、控制情绪、寻找共识，思辩力让社交分歧变得可控而富有建设性。它帮助我们从表面冲突中看到深层次的机会，将每一次分歧转化为学习、成长与深化关系的契机。这不仅使个体在社交中更从容，也能构建更为和谐的人际关系网络。

19.4 做出理性选择

在日常生活中，我们面临各种各样的选择，从购物决策到健康管理，再到信息筛选。这些选择看似简单，但对生活质量却有着深远的影响。然而，人们常因信息不完整、固有偏见或情绪化判断而做出非理性的决定。思辩力通过检视思维过程、发现隐性假设、评估论据质量，从而优化决策，帮助我们做出更加理性且高效的选择。

购物决策：理性消费的智慧

现代消费社会充斥着各种诱惑，广告宣传、品牌效应和折扣策略常常左右消费者的决定。许多人在购物时往往受价格高低或折扣幅度的影响，未能真正关注商品的实际价值和使用需求。

例如，在某次电商大促销中，一位消费者计划购买一款智能手机。他在初期浏览时被高价位的大品牌吸引，认为"越贵的产品，品质越高"。然而，在对比不同品牌的具体配置后，他开始质疑自己的判断是否过于草率。通过进一步分析，他发现大品牌商品的品牌溢价显著，而性能差异却微乎其微。最终，他选择了一款性价比更高的中端机型，既满足了功能需求，又节省了一笔可观的费用。

如果没有思辩力的介入，这位消费者很可能因固守"价格高等于质量好"的偏见，而为溢价买单。这一案例展示了思辩力在购物决策中的关键作用：通过检视思维过程，识别不合理的隐性假设，优化最终的购买决策。

健康决策：筛选信息的科学性

健康管理是生活中最重要却最容易被错误信息误导的领域之一。人们在面对健康选择时，常因广告宣传或社交媒体推荐而轻信某些产品的功效，导致健康受损。

例如，张先生长期受失眠困扰，当他在社交媒体上看到一款"速效助眠药"的广告后，便计划尝试。然而在准备购买时，他想到广告中"科学研究支持"这一宣传点，意识到自己对该信息的可信度未做任何检视。通过进一步查询药品成分和相关研究，他发现广告中的"科学研究"并非权威机构发布。此外，该药物的部分成分可能导致成瘾。最终，张先生放弃购买，并选择了通过调整作息和适度运动来改善睡眠状态。

如果没有思辩力的干预，张先生可能会轻信广告，冒着健康风险服用不适合的药物。思辩力帮助他发现了"科学研究即权威可信"这一隐性假设，并通过理性分析避免了潜在危害。这说明思辩力在健康决策中不仅能筛选信息，还能保护我们的健康。

理性选择不仅是解决眼前问题的工具，更是一种长期受益的能力。通过在日常生活中不断锻炼思辩力，人们可以逐步培养出理性判断的习惯。这种习惯让我们在面对各种选择时，能够更加从容自信，减少因错误决策带来的后悔与损失，同时提升整体生活品质。

思辩力通过检视思维过程、发现隐性假设，为日常选择提供了科学、理性的方法。这不仅让每一次决策更加高效，还帮助我们在生活中不断成长，从而提高生活质量并获得更深层次的满足感。

第20章　思辩力的培养与实践

在快速变化的时代，思辩力不仅是一种关键的认知能力，更是一项需要不断打磨和提升的技能。无论是在职场中还是在生活中，高品质的决策和深入的洞察都离不开思辩力的支撑。然而，思辩力并非与生俱来的，而是通过系统的训练和实践逐步形成的。

本章将聚焦如何培养和实践思辩力，从心理基础的建立到经典工具的运用，再到日常生活和工作中的具体应用，帮助读者将这一能力融入思维习惯。通过不断地拓展视角、质疑假设、优化思维过程，读者将能够在复杂环境中做出更加理性和高效的决策，最终成为具有独特见解和高度灵活性的思考者。

20.1　培养思辩力的心理基础

思辩力的培养不仅依赖具体的思维方法，更需要坚实的心理基础作为支撑。开放的心态、有效的情绪管理以及耐心与细致，这些心理素质为思辩力的高效运作提供了保障，让我们在面对复杂问题时，能够更加理性、客观地分析和评估，从而优化决策并提升结果的质量。

开放的心态

开放的心态是思辩力的起点。它让我们愿意倾听不同的声音、接纳新观点，从而突破思维的局限。没有开放的心态，就难以发现盲区，更无法通过检视思维过程来提升结果的质量。

例如，在一次家庭聚餐中，父母对孩子的职业选择提出了不同意见。母亲倾向于孩子选择稳定的公务员职业，而父亲则更支持孩子追求个人兴趣的职业道路。起初，母亲坚持认为公务员是最好的选择，直到家人引导她讨论了不同职业的成长路径、收入稳定性和个人发展空间，她才意识到自己的观念源于传统偏见，而未充分考虑孩子的实际兴趣和能力。最终，一家人共同制定了一条更符合孩子长远发展的职业规划路线。

开放的心态让我们能够超越个人偏见，吸收他人经验，为自己的思维注入新鲜动力。这种心态不仅拓宽了我们的认知视野，也为高质量的思考与决策打下了基础。

有效的情绪管理

在复杂环境中，情绪往往会对我们的思维产生潜在影响。失控的情绪可能导致思维失焦，甚至影响判断的准确性。有效的情绪管理能够帮助我们在关键时刻保持冷静和理性，从而提升思维的深度与精准度。

例如，在某次客户投诉事件中，一位销售主管在面对激烈的指责时，尽管内心感到焦虑，却仍控制住情绪，耐心倾听每一个不满点，并记录下关键问题。随后，她组织团队分析客户反馈，找出了问题的根源，并迅速制定了解决方案。最终，客户不仅继续合作，还表达了对团队专业态度的高度认可。

在生活场景中，情绪管理同样重要。设想一个家长因孩子考试成绩不理想而感到焦虑，在缺乏情绪管理的情况下，可能会对孩子进行严厉指责。然而，如果冷静下来，家长就可以通过引导孩子分析试卷错误原因，找到学习中的薄弱环节，进而提出改进策略。

有效的情绪管理是思辩力的守门员。它帮助我们排除干扰，保持头脑清醒，让思维过程更加清晰和高效，从而确保最终的判断经得起推敲。

耐心与细致

耐心和细致是高品质思维的基本保障。丹尼尔·卡尼曼在《思考，快与慢》中提到，我们的大脑有两大系统，系统1和系统2。系统1的运行是无意识且快速的，不怎么费脑力、没有感觉，完全处于自动控制状态。系统2则将注意力转移到需要费脑力的大脑活动上来，如复杂的运算。系统2的运行通常比较慢，需要专注和投入。思辩力就属于系统2。它所需要的深入分析和反复推敲需要时间和精力，而急于求成往往会导致思维浮于表面，无法抓住问题的核心。

例如，某工程师在参与一项复杂系统的设计时，遇到了多种可能的风险因素。他花费了大量时间检验每种假设，并模拟了多种极端情况对系统的影响。尽管这个过程耗费了很多时间，但最终，他的细致工作成功避免了潜在的设计缺陷，确保了项目的安全与稳定。

在个人生活中，耐心与细致同样不可或缺。例如，一位家长在帮助孩子选择课外兴趣班时，没有匆忙做出决定，而是详细研究了不同机构的课程内容、教学质量以及孩子的兴趣点。经过多次试课和评估后，他为孩子选择了最适合的课程，既提升了孩子的兴趣，又为孩子的成长奠定了基础。

耐心与细致让我们有足够的时间和空间去发现问题、修正错误。这种态度不仅是思辩力有效运用的保障，更是通向卓越的必经之路。

通过开放的心态、有效的情绪管理，以及耐心与细致的培养，我们为思辩力的有效发挥奠定了心理基础。这些心理素质能够帮助我们突破思维局限、保持理性，并专注于高质量的分析与决策，为应对复杂问题提供了坚实的心理支持。

20.2 拓展视角，突破信息茧房

在信息爆炸的时代，信息茧房正逐渐成为限制认知发展的屏障。个性化推荐算法、社交圈的同质化以及惯性思维模式，正在缩小我们的认知半径。打破这一局限的关键在于拓展视角，通过接触多元化的信息流，摆脱单一认知模式。这不仅能扩大知识范围，更能帮助我们有效检视思维过程，从而显著提升思辩力。

在我的"思辩力"课程里，如果有学员问及突破信息茧房的具体做法，我常常会给出两个最基本的日常生活建议：一是使用更加开放的社交软件，如微博，并且关注一些观点与自己很不一样的人，或者直白地讲，一些"自己讨厌的人"。这些人对事物的不同看法，常常会触动我们的思考，有利于拓展自己看问题的视角。二是关闭各种手机应用的"个性化推荐"功能，让各种信息随机地出现在自己面前，这会有利于接触多元信息，不被大数据左右信息来源。

信息茧房的形成与危害

信息茧房是由个性化推荐、社交过滤以及偏见固化共同促成的。这种现象会削弱我们对不同观点的开放性，甚至引发认知偏狭和决策失误。

例如，一位长期依赖单一新闻来源的消费者，总是接收到片面的经济数据，认为某行业发展前景一片光明。由于缺乏其他渠道的信息对比，他的投资决策未能充分考虑行业风险，最终遭受严重损失。这一案例凸显了信息茧房的危害：它让人无法全面审视信息，从而导致思维闭塞，造成认知局限。

拓展视角的实践方法

拓宽信息获取渠道

拓宽信息获取渠道是突破信息茧房的首要方法。通过接触多元化的信息，我们可以打破同质化认知的局限，培养对论据的敏锐评估能力。这种训练有助于提升思辩力在信息筛选和分析中的精准性。

例如，一位家长在选择教育方法时，不再局限于参考某一权威书籍，而是广泛阅读国内外不同教育专家的著作，研究多个教育流派的观点。通过对比分析，他不仅意识到原有方法的局限性，还从其他文化的教育理念中汲取了灵感。这种多维度的信息获取帮助他更全面地理解教育本质，显著提升了对信息质量的判断能力。

此外，通过订阅不同领域的专业期刊、参加跨领域的论坛或讲座，我们能够接触到更多前沿观点，打破思维惯性。例如，一名建筑设计师通过参加心理学和社会学的课程，学会了从用户行为角度思考建筑设计，从而在商业建筑的空间设计中引入了更多人性化的理念。这种经验让他在工作中能够更有效地整合多学科知识，提高创新能力。

主动与不同背景的人交流

跨越认知边界的重要途径之一是与不同背景、文化和职业的人交流。这种互动不仅能带来全新的视角，还能培养我们在沟通中发现盲区、调整思维的能力。

例如，在某次跨文化交流活动中，一位中国企业家与来自非洲的企业家深入探讨商业合作模式。通过对方的视角，这位中国企业家意识到自己对非洲市场需求的认知存在偏差，进而调整了产品策略，最终取得了显著成效。这样的跨文化交流，让他的商业判断更加全面，避免了单一视角带来的风险。

同样地，在家庭教育中，家长通过与其他家庭的互动，能够发现自身教育方法的不足。例如，某家长习惯高压式督促孩子学习，但通过与其他家长交流，他逐渐认识到鼓励和引导的重要性，最终改善了亲子关系，也提升了孩子的学习兴趣。

定期反思信息来源

反思信息来源的可靠性和多样性是提升思辩力的重要方式。通过定期反思信息来源，我们能够识别信息中的偏见或片面性，进而优化思维过程。

例如，某大学生在撰写毕业论文时，最初因依赖单一数据库的资料而未能全面考虑相关问题。后来，他反思了信息来源的单一性，主动查阅多个国际数据库。通过对比，他发现了许多与主流观点不同的研究成果，这不仅使论文的论据更加丰富，还大幅提高了他对信息的鉴别能力。

关闭手机应用中的个性化广告或推送设置，也是一种简单但有效的方法。通过接触更多随机信息，我们能够打破算法推荐的局限，锻炼在面对多样信息时的判断力。这种练习帮助我们在日常生活中，逐渐培养起对信息质量的敏锐嗅觉。

质疑偏见与传统观念

许多传统观念和根深蒂固的偏见往往在无意识中左右我们的判断。通过质疑这些偏见，可以训练我们更深入地审视思维过程，从而大幅提升思辩力。

例如，一名消费者在购物时总认为"大品牌的商品质量一定更好"。在某次促销活动中，他对这一观念产生了怀疑，于是通过对比商品性能具体参数和用户评价，最终选择了一款性价比更高的产品。这一经历让他认识到只有检视传统观念、提升思辩力，才能在未来决策中更加理性。

另一个案例是，一名教师发现自己对学生的成绩评定过于依赖第一印象。通过检视评定过程，他开始更多地关注学生的实际进步和表现，从而改进了教学方法，激发了学生的学习积极性。这些经历让他逐步养成了对偏见的敏感性，从而提升了对事实和逻辑的判断力。

拓展视角的意义

拓展视角不仅是认知扩展的手段，更是培养思辩力的有效方法。通过接触多元化的信息、不断反思和质疑，我们可以在思维的深度和广度上获得全面提升。在这一过程中，拓展视角为我们提供了检视思维过程的丰富场景，帮助我们持续提升认知能力和决策水平。拓展视角是打破认知局限、迈向理性突破的关键一步。

20.3 运用经典工具R.E.D模型

在培养思辩力的过程中，R.E.D 模型是一个行之有效的训练工具。R.E.D 这三个英文字母分别代表识别假设（Recognize Assumption）、评估论据（Evaluate Argument）和得出结论（Draw Conclusion），R.E.D模型能够帮助我们提升思维的精准度和决策的科学性。这一模型不仅适用于复杂的商业决策，还能应用于日常生活的方方面面，是培养思辩力的核心方法之一。

事实上，我在前面的写作中已经在不停地使用这个工具来说明案例了。

在读完本部分的内容后，如果你用 R.E.D 这个经典工具再去重读前面的案例，就能够加深对这个工具的理解了。

识别假设

假设隐藏在我们的潜意识中，往往以"理所当然"的方式存在，但它们可能直接影响我们的判断和行动。识别假设的过程就是通过对结论的追问发现那些未被质疑但可能存在问题的假设。

例如，A 公司是一家初创企业，在推出新产品时，决定采取"低价策略吸引用户"的营销模式，团队认为这样能迅速占领市场。然而，在销售增长停滞后，该团队开始检视自己的思维过程，并意识到他们依赖的核心假设是"消费者以价格为主要购买依据"。

通过进一步的用户调研，他们发现核心用户更在意产品的使用体验和售后服务，而非价格。这一隐藏假设的识别促使团队调整了营销策略，从单纯的价格竞争转向"高品质服务"，最终赢得了更大的市场份额。

相反，未能识别假设可能带来严重后果。例如，某公司盲目跟随"流量为王"的行业趋势，假定大量广告投入必然带来销量增长。然而，由于未能识别用户行为和决策模式中的关键差异，结果不仅销量未增，还白白浪费了大量广告投入。

识别假设的过程需要不断质疑"理所当然"的判断：

- 我为什么得出这样的结论？
- 这一结论基于哪些前提或假设？
- 这些前提或假设是否经得起验证？

通过这种方式，我们可以将潜在的盲区显性化，为后续的决策打下扎实的基础。

评估论据

在识别假设后，下一步是评估支撑结论的论据。高质量的论据不仅要具备真实性，还需要具备逻辑性和相关性。

基于上述案例，A公司在调整策略时，引用了一份用户满意度调查报告作为依据。然而，通过进一步分析，他们发现报告的样本来源主要集中在特定区域，因而无法全面反映所有用户的需求。这份论据虽然在局部环境中具有一定的代表性，但对整体市场策略的指导意义非常有限。

为确保决策的科学性，A公司扩大了调研范围，增加了更多样本数据，最终形成了更加全面的市场洞察。这种对论据的深度分析为优化策略提供了强有力的支持。

而过于依赖单一论据则可能导致判断失误。例如，另一家公司在新产品定位时，仅依据某单一市场调研报告，忽视了用户需求的多样性，导致最终的产品定位未能成功吸引目标客户。

评估论据的关键在于：

● 数据是否全面？是否存在偏倚？

● 论据与结论的关联性如何？

● 是否存在其他支持或反驳这一论据的信息？

通过对论据的多维度分析，可以有效避免因信息不充分或逻辑不严谨而导致的错误判断。

得出结论

识别假设和评估论据的最终目的是得出更高品质的结论。高质量的结论需要建立在扎实的数据基础上，并结合实际情境进行合理推导。

在优化策略后，A公司总结出一套"以用户体验为核心"的产品定位方案。该方案不仅针对高端用户群推出定制化服务，还通过差异化营销巩固了品牌竞争力。最终，A公司在短时间内实现了市场份额的快速增长。

相比之下，仓促得出的结论则往往缺乏可靠性。例如，另一家企业在进行市场分析后，得出"降低成本即可提高利润"的结论，却忽视了这一策略对产品质量和客户满意度的潜在的负面影响。结果不仅客户流失，还影响了品牌口碑。

高质量的结论通常具备以下特征：

- 逻辑链条清晰，能够自洽；

- 经过不同角度的审视，具有稳定性；

- 对实践具有指导意义，能够推动行动。

得出结论不仅是分析的终点，也是行动的起点。

R.E.D 模型的价值

以上内容既解释了R.E.D模型这个经典工具的内涵，也展示了它在具体案例中的应用。从中可以看到它对我们提升思辩力的价值：通过识别隐藏假设、评估论据质量，并得出逻辑自洽的结论，R.E.D模型帮助我们优化整个思维过程，提高决策的可靠性和科学性。

这正是思辩力的核心价值所在——通过对思维过程的精细化管理实现更高品质的判断与行动。

20.4　掌握"思考—辩论—辨别"的方法

"思考—辩论—辨别"是培养思辩力的重要方法。通过这一系统化过程，我们能够优化认知，提升决策的科学性和可行性。以下结合一家汽车企业的实际案例，探讨如何通过"思考—辩论—辨别"的方法提升复杂环境下的决策能力。

思考：形成观点

思考是解决问题的第一步，其目标是通过"坚持问为什么"广泛收集原因，为后续辩论奠定基础。收集原因时重在广度，避免过早聚焦于单一原因。

这家汽车企业在推出新款电动汽车时，发现某区域市场的销售表现明显低于预期。团队通过初步思考列举了多个可能原因：一是当地消费者对电动汽车技术的不信任；二是充电桩基础设施不完善；三是竞争品牌的市场占有率较高。为了厘清这些问题，他们逐一追问"为什么"：为什么消费者不信任电动汽车技术？为什么充电桩分布未能满足需求？为什么竞争品牌更受欢迎？

通过一系列"为什么"的追问，团队不仅明确了问题的潜在原因，还收集了支持和反驳这些假设的初步数据，为后续辩论提供了充分依据。思考阶段的关键在于不局限于单一视角，而是广泛捕捉潜在因素，为深入探讨奠定基础。

辩论：提升质量

辩论是优化初步认知的关键环节。其核心在于通过团队讨论或自我辩论，分享各自得出的结论，并通过R.E.D模型进行检视，从而提升结论的科学性。

第一种情况：与团队辩论

团队辩论可以有效揭示思维盲区，拓宽认知深度。例如，在分析电动汽车市场销售低迷的原因时，团队内部出现了两种主要观点：一部分成员认为应该增加对电动汽车技术优势的宣传力度；另一部分则建议加大充电桩建设投资。支持宣传的成员强调，消费者对电池续航能力和安全性的误解是导致购买意愿低的核心问题；而主张加大充电桩建设的成员则认为，消费者更关注实际使用的便捷性。

在辩论中，各方逐一分享了他们的逻辑和支持数据，如对消费者调查的结果、市场反馈和竞争品牌的策略。通过运用R.E.D模型，该团队检视了这些观点背后的假设及其有效性。最终，他们发现消费者的核心关注点因区域不同而异：在城市地区，技术宣传对提升消费者信任度更为关键；而在郊区，加大充电桩建设投资、完善充电网络则是促成购买的决定性因素。

第二种情况：自我辩论

当团队讨论不便进行或需更高效地检视个人决策时，自我辩论是一种有效的方法。例如，该汽车企业的一位区域销售总监在制定新的推广策略时，初步判断降低售价能够迅速提升销量。他通过自我辩论，提出了一系列相反的观点："降价是否会影响品牌的高端形象？""目标客户是否真的以价格作为首要购买因素？"在不断模拟不同场景和用户反应的过程中，他逐步修正了初步结论，最终形成了针对不同消费群体的多层次定价策略，既保持了品牌形象，又满足了不同层级消费者的需求。

自我辩论的核心在于主动质疑自身假设，从而拓宽认知视角，提升思维的完整性和深度。

辩论的核心方法

无论是团队辩论还是自我辩论，核心方法都是通过分享结论、检视思维过程，逐步优化假设和论据，最终提升结论的质量。辩论不仅深化了问题，还为后续的决策提供了坚实的基础。

辨别：做出选择

辩论之后，辨别是将讨论成果转化为行动的关键环节。它通过对不同方案的综合评估筛选出最符合企业需求的解决策略。

例如，在明确了电动汽车市场销售低迷的核心问题后，团队提出了三种具体实施方案：一是加强技术宣传，通过线上线下活动提升消费者信任度；二是与地方政府合作，加快充电桩建设；三是为购买电动汽车的消费者提供免费试驾和充电体验。团队结合资源配置、实施成本及市场反馈，对各方案进行了系统评估。最终，他们选择了将技术宣传与免费试驾结合的方案。这一方案既提升了消费者对产品的信任度，又有效推动了试驾转化率。

辨别环节要求决策者综合考虑多种因素，确保选出的方案既符合短期目标，又具备长期可持续性。

"思考—辩论—辨别"是一种高效的思维训练方法。通过这一系统化过程，我们能够在面对复杂问题时，有条不紊地优化认知、提升决策能力，并最终取得更加卓越的成果。这一方法在汽车行业的实际运营中多次得到验证，有力证明了其自身价值，同时也为其他领域提供了有益的借鉴。

第21章　未来世界中的思辩力

21.1　AI时代的思辩力

在AI迅速发展的今天，AI在数据处理和模式识别方面展现出了无可比拟的效率。从医疗诊断到自动驾驶，从金融预测到智能推荐，AI已广泛应用于各个领域。然而，AI并非完美的，它难以理解复杂的人性、社会背景和文化差异，这种局限性往往导致决策偏差。正因如此，思辩力在AI时代显得尤为重要——它为人类提供了一种工具，用以质疑和优化AI生成的分析和决策。

在写作本书的过程中，我曾经试图使用时下最强大的AI工具ChatGPT帮助我厘清在一些话题上的思考，但结果并没有令我满意。使用之后，我的结论是：如果没有良好的思辩力，或者不愿花力气去分辨和评价，别用ChatGPT或其他AI替你干活，否则你极有可能在未经甄别的情况下直接使用并盲目相信它给出的结果，这是非常危险的。

AI在很多方面都将成为效率助手，但在思考的核心，尤其是对结论的判断能力上，可能在相当长时间内仍无法取代人脑。

AI在数据处理上的局限性

AI技术的核心优势在于其从海量数据中挖掘模式的能力。然而，它的分析结果容易受到数据质量和算法设计的影响。例如，AI无法主动识别社会情境中的复杂变量，如情感、文化背景或伦理约束。这种局限性可能导致误判甚至不良后果。

例如，某跨国企业在招聘中引入AI技术，通过算法筛选简历，希望提高招聘效率。然而，由于训练数据隐含的性别与种族偏见，AI算法未能公平地评估候选人，导致招聘结果严重偏向某些群体，损害了团队的多样性。这一案例凸显了AI在复杂社会情境中潜在的风险和局限。

通过这一教训，企业加强了数据源的多样性，并要求团队定期对算法进行审查，从而显著改善了招聘流程，提高了招聘效率。这表明，尽管AI能够提升效率，但它的局限性需要人类通过思辩力来识别并加以改进。

思辩力在"人机协同"中的作用

在AI辅助决策中，思辩力起着关键的平衡作用。它帮助我们识别AI分析中的隐性假设与潜在偏见，从而优化决策质量。

例如，某家电商企业在分析市场数据时发现某地区产品销量增长缓慢。AI系统建议企业通过大幅降价来吸引用户。然而，团队通过思辩力对数据进行进一步解读，发现这一建议基于"低价吸引力"的假设，并未考虑当地消费者更看重产品质量与服务体验的实际需求。随后，团队调整策略，推出了高品质的售后服务与针对性营销活动，成功扭转了销售颓势。

这一案例充分展示了思辩力在优化AI建议中的核心作用。通过识别和质疑隐性假设，该团队不仅提升了决策的科学性，还确保了更优的市场表现。

思辩力在优化AI模型中的应用

AI模型的设计和训练过程也需要思辩力的参与。我们可以通过思辩力对数据质量、变量设置和算法假设的检视，以确保AI模型的可靠性与适用性。

例如，某金融机构利用AI进行风险评估时，模型设计过于依赖历史交易数据，未能纳入宏观经济环境的动态变化。该团队通过思辩力对模型的训练假设进行深入分析，发现模型中对特定变量赋予了不恰当的高权重。调整后，模型的预测准确性得到了显著提升，也帮助该金融机构成功规避了潜在的投资风险。

这一过程表明，思辩力不仅能够优化AI的输出结果，还能提高AI模型本身的适应性和稳定性，为企业的长远发展保驾护航。

AI的崛起为人类社会带来了前所未有的效率和便捷，但它的局限性同样不容忽视。思辩力的介入，使我们能够在技术快速发展的背景下质疑和优化AI的分析结果，从而实现更高品质的决策。以上内容既说明了AI的优势与不足，也展示了思辩力在AI时代的重要价值——它不仅弥补了技术的短板，更为人类在未来复杂的决策环境中提供了不可或缺的思维武器。

21.2　思辩力与创新

创新是推动社会进步和技术发展的关键因素，而思辩力在创新过程中扮演着至关重要的角色。创新不仅仅是生成新想法，它还需要对这些想法进行严格的评估与筛选，以确保其可行性和实用性。思辩力作为"元"思维，能够为创造性思维提供保护，防止其走偏，同时优化其最终的输出。尤其在当今快速发展的时代，思辩力不仅仅是创新的推动力，更是创新过程中的守护者，它确保了我们能在复杂多变的环境中做出理性且有益的创新决策。

保护创造性思维

思辩力在创新中的首要作用之一就是"保护"创造性思维，确保它不会偏离目标方向。在创新过程中，创造性思维往往偏向发散性，即探索多个可能性，但这种发散性也可能带来过度理想化的风险。如果缺乏思辩力的引导，创新可能会陷入无效的想法堆积，缺乏实践性和现实性。

例如，某科技公司正在进行一项新产品的研发，在初步的创意阶段反响非常热烈，团队提出了多个创新点子。然而，随着思维的发散，该团队开始偏离最初的目标，提出了一些并不符合用户需求的点子。意识到这一问题后，该团队运用思辩力对创意进行了筛选，识别并挑战了其中的一些假设，避免了因过度理想化而导致的创新偏差。通过这种方式，思辩力不仅保护了创新的方向，还确保了创意的可行性和市场价值。

协作与优化创新过程

除了保护创造性思维，思辩力还在创新的评估和优化中发挥着重要作用。创新并非仅仅是想出新点子，更需要在实践中对这些点子进行优化，确保它们能为用户带来实际价值。思辩力能够对创新过程中的假设进行检视，从多角度评估其可行性，帮助我们从众多创意中筛选出最具潜力的解决方案。

例如，在一个跨行业的技术创新项目中，团队面临着多个技术解决方案的选择。每个方案都有其优势，但也伴随着潜在的技术难题。在这一过程中，团队通过思辩力对每个技术方案背后的假设进行了细致的审视，识别出了不同方案中潜在的盲点。最终，团队通过综合评估，选择了一个最符合当前技术发展趋势且风险较低的方案，顺利推动了项目进展。

思辩力的这一作用可以类比为创新中的"质量控制"环节。它通过精细化管理和多角度审视，为创造性思维提供必要的反馈，确保最终产生的解决方案既具备创意性，又具备实际可行性。

创新不仅是一个产生创意的过程，更是一个创意在多个维度进行验证、筛选与优化的过程。思辩力在这一过程中发挥着至关重要的作用，它不仅保护了创造性思维，避免了过度理想化和偏离目标的风险，还通过优化创新方案，提高了决策的质量。通过将思辩力作为"元"思维融入到创新过程中，我们能够在追求新颖性与实践性之间找到最佳平衡点，为社会带来更有深度和影响力的创新成果。

21.3　应对不确定性

未来充满不确定性，无论是技术的迅速发展，还是全球环境、经济形势的剧变，所有这些因素都深刻影响着我们的决策和行动。随着全球化的推进和数字化的加速，许多传统的决策模型在面对快速变化时显得力不从心。如何在这些不确定性中做出理性的判断，成了一个迫切需要解决的问题。在这一背景下，思辨力起着至关重要的作用。它不仅帮助我们识别和质疑现有的假设，还能在不断变化的情境中灵活应对，确保我们做出有效的决策。

识别和质疑预测模型中的假设

在面对不确定性时，很多人容易依赖过往的经验和现有的预测模型来指导决策。然而，任何预测模型背后都存在假设，这些假设的有效性常常随着情境的变化而受到挑战。思辨力的作用就是让我们能够清楚地识别这些假设，并对它们进行质疑。

例如，一家企业在制定新一年的销售目标时，参考了过去三年的市场增长数据，假设"未来市场将继续沿着这个轨迹增长"。然而，在对市场趋势进行更加全面的分析后，团队意识到，全球经济的不确定性和消费者行为的变化可能会导致这些预测不再适用。通过质疑和调整假设，团队重新评估了市场风险，并制定了更为保守的销售目标，最终成功帮助公司避免了因目标过于乐观而带来的风险。

在这种情境中，思辨力的介入使得团队能够识别出隐藏的假设，并根据新的现实情况做出调整。通过质疑和修正预测模型中的假设，团队避免了过度依赖历史数据和旧有认知，从而降低了决策失误的可能性。

提升灵活性与适应能力

在面对快速变化的环境时，单一的决策模型往往无法提供全面的解决方案。这时，思辨力的灵活性和适应性就显得尤为重要。它能够帮助我们在动态环境中不断调整假设和结论，确保我们的决策能够应对新出现的挑战。

例如，某公司计划在特定地区推出新产品，基于市场研究和初步数据，团队认为这是一个稳妥的决策。然而，随着市场环境的变化，突如其来的政策变动和消费者偏好的变化让原定计划变得不再适用。团队通过灵活地应用思辨力，快速调整了产品发布策略，并根据新的市场信息优化了产品定位。最终，这一调整帮助公司在不确定的市场环境中成功推出了产品，并赢得了市场份额。

在这种情境下，思辩力提供了应对不确定性的关键能力。它不仅帮助团队识别了潜在的盲点，还促使团队保持灵活性，在新的信息和环境变化面前迅速调整策略。正是这种能力使团队能够有效地应对外部不确定性，并实现了持续的成功。

应对全球变化和技术革新

全球化的推进和技术革新的速度也为决策带来了更多的不确定性。对于个人和组织来说，如何应对这些变革，成了一个必须面对的挑战。思辩力能够帮助我们从更广阔的视角出发，评估不同变化的潜在影响，并在复杂的背景下做出合理的判断。

一个典型的案例是，某跨国公司在全球范围内实施数字化转型。在这一过程中，团队面临着技术的快速发展和不同国家政策的差异。这些都给团队带来了前所未有的挑战。团队运用思辩力识别和分析不同国家的政策假设，并结合技术变革的可能性，调整了转型的战略。通过不断评估全球变化对公司未来发展路径的影响，团队确保了转型过程中决策的科学性和可持续性。最终，公司在全球市场的快速发展和变化中成功实现了数字化转型。

这一案例清晰地展示了思辩力如何帮助企业应对全球变化和技术革新带来的不确定性。通过对多重变量的分析和对决策假设的质疑，思辩力能够帮助我们在复杂的全球环境中保持清晰的思路，做出更有利的决策。

未来充满了不确定性，技术的快速进步、全球化带来的市场变化以及环境因素的不断变化，都对我们的决策提出了更高的要求。在这种背景下，思辩力作为一种能够识别假设、评估论据并得出高质量结论的能力，成为应对未来不确定性的核心工具。通过灵活应变和不断调整，思辩力帮助我们在复杂多变的环境中做出理性的决策。无论是在企业战略、个人职业规划，还是在应对突发危机时，思辩力都为我们提供了强有力的支持，帮助我们从容应对未来的挑战。

21.4 思辩力与跨文化沟通

在全球化的背景下，不同文化之间的交流日益频繁，但文化差异带来的沟通障碍却屡见不鲜。思辩力的价值在于帮助我们突破这些障碍，提高跨文化沟通的效率与质量。通过识别文化偏见、质疑隐性假设，以及调整沟通策略，思辩力能够为跨文化合作奠定更加坚实的基础。

例如，某跨国项目团队在一次重要合作中遇到了一系列沟通难题。该项目团队的成员来自不同国家，文化背景迥异：欧洲成员倾向于直截了当的表达，而亚洲成员则更委婉与谦逊。这种差异导致双方在讨论问题时误解频频发生。比如，欧洲成员在开会时对问题直言不讳，导致亚洲成员因感到不被尊重而选择沉默；而亚洲成员的模糊表达则让欧洲成员认为对方缺乏明确立场，结果导致沟通陷入僵局。

项目经理意识到问题的根源后，运用思辩力对团队的沟通模式进行了深度分析。他识别出双方沟通中的隐性假设：欧洲成员认为"直接表达代表高效"，而亚洲成员则认为"谦逊和间接是尊重的体现"。通过对这些假设的质疑和调整，项目经理决定引入匿名反馈机制，并鼓励团队成员在会议前提前提交意见，减少现场表达中的文化冲突。随着这些策略的实施，团队成员逐渐增进了对彼此文化背景的理解，沟通效率显著提升，最终按时完成了项目。

在跨文化背景中，思辩力帮助我们跳脱固有的文化框架，识别并调整沟通中的隐性偏见与假设。它不仅能化解因文化差异引发的矛盾，还能促进相互理解与合作。这种能力在全球化的今天尤为重要，它是个人与团队实现跨文化沟通的关键。

第22章　思辩力与软实力三原色

22.1　思辩力与果敢力

果敢力是实现目标的关键能力，它让我们在明确目标的基础上积极行动，并在面对挫折时坚持不懈。然而，仅靠果敢力可能会陷入盲目决策或错误方向的困境。这时，思辩力的作用尤为重要。通过审视目标、优化路径和调整策略，思辩力为果敢力提供了理性支撑，让行动更加精准和有效。

果敢力的核心之一在于明确目标，但目标的设定往往受隐性假设的影响，可能导致不合理的目标选择。例如，一个人最初设定的目标是"让别人理解并听从我的建议"。这一目标表面上看起来明确，却包含不可控的因素，因为他人的反应并不完全由我们掌控。通过运用思辩力进行反思，他意识到目标设定中的问题，进而将其调整为"通过清晰表达自己的观点，确保立场被准确传达，并展示合作的诚意"。这种调整让目标聚焦于自身的行动，避免因外界因素不可控而产生不必要的挫败感。合理目标的设定不仅需要清晰，还必须符合可控原则，而思辩力在其中的作用正是让我们对目标背后的假设进行理性检视，从而提高果敢力的方向性。

设定目标后，果敢力会推动我们采取行动，但如果行动路径选择错误，努力可能变得徒劳。这时思辩力会帮助我们评估路径的可行性，确保行动更加高效。例如，一位销售经理试图提升团队业绩。起初他认为只需加大工作强度便可实现目标，但通过深入分析，他发现市场需求和客户习惯的变化是影响业绩的核心问题。于是，他引入数据分析工具，优化客户管理流程，并重新定义销售策略。这些调整不仅提升了团队效率，还显著提高了业绩表现。这表明，果敢力在行动上的积极性需要思辩力的支持，以识别更科学合理的路径，避免无效的努力和资源浪费。

果敢力的另一核心是坚持，但仅靠坚持，我们在挫折面前可能会力不从心。思辩力能够帮助我们从挫折中找到调整方向的机会。例如，一名创业者在项目失败后，最初将原因归结于市场接受度不足，打算简单调整推广方式。然而，通过反思，他发现问题的根源在于产品设计未能准确满足客户需求。于是，他重新定义产品定位，吸引了目标客户，并赢得了更多投资支持。通过对挫折的深度反思，他不仅避免了重复失败，还让果敢力在新的策略指导下发挥了更大作用。

思辩力与果敢力并非独立存在的，而是相辅相成的。思辩力通过检视目标的合理性、优化行动路径和反思失败策略，为果敢力提供理性支撑；果敢力则通过积极行动和坚持不懈，将思辩力的洞察转化为实际成果。当我们学会在思辩中明确方向，在果敢中付诸行动，就能更高效地应对复杂挑战，持续实现个人目标与成长突破。

22.2　思辩力与自驱力

自驱力是一种源于内在的驱动力，它让我们热爱所做之事，全情投入，并在过程中持续成长。自驱力的关键在于明确目标、保持热情以及在行动中不断优化。但在实践中，许多人在面对复杂的情境时容易迷失方向，或者因为缺乏深度思考而无法激发内在动力。这时，思辩力的介入至关重要。通过检视动机、剖析障碍和优化路径，思辩力为自驱力提供了理性支撑，使自我驱动更加有效。

自驱力的基础在于目标的清晰性与意义感。一个目标是否足够吸引我们，很大程度上取决于我们对其背后意义的理解。然而，人们常常在目标设定时忽视深层次的思考。例如，一位年轻人选择了将财务自由作为自己的终极目标，但在实现这一目标的过程中，他发现自己逐渐失去了奋斗的兴趣，因为这种目标没有与个人的价值观建立深层的联系。通过运用思辩力进行反思，他意识到自己真正追求的是更高质量的生活和更丰富的自我发展，而不仅仅是财务自由。调整目标后，他不再单纯地追求高薪，而是专注于通过工作提升技能和探索兴趣，从而找到内在动力。思辩力帮助我们剖析目标的内在逻辑，确保其既符合实际，又能激发长久的热情。

自驱力需要我们在行动中不断投入，而行动的有效性离不开对障碍的识别与剖析。思辩力在这里的作用是帮助我们拆解问题，找到阻碍行动的深层原因。例如，一位工程师在完成一项复杂任务时感到力不从心，甚至一度怀疑自己不能胜任当前岗位。然而，通过运用思辩力进行反思，他发现问题并不在于能力不足，而是工作方法过于单一。于是，他开始尝试新的工具，并主动向团队寻求支持。随着效率的提升，他的信心也逐渐恢复，自驱力得以重新激活。通过思辩力的干预，我们能够清晰地认识到行动中的障碍，从而避免将问题归结为自身能力的不足，影响自驱力。

自驱力的维持还需要在成长中不断优化行动策略，而思辩力在其中发挥着重要作用。成长并非一蹴而就的，而是一个不断试错与调整的过程。例如，一位刚进入职场的新人，起初将努力工作的目标简单地定义为"加班越多越好"。在这一策略下，他的投入虽然很高，但收获却不尽如人意。通过反思，他意识到努力的方向更重要，而不是单纯的时间堆砌。他开始以更具针对性的方式投入工作，如优先处理重要任务，并通过主动汇报成果增强与上级的沟通。这种优化不仅让他的工作效率大幅提升，还让他在短时间内获得了更多认可。可见，思辩力让我们在行动中更加敏锐，能够识别哪些策略有效，哪些需要调整，从而让自驱力的作用更加持久。

思辩力与自驱力并非孤立存在的，而是相互促进的。思辩力通过帮助我们明确目标、识别障碍、优化策略，为自驱力提供了坚实的逻辑基础；自驱力则通过持久的热情与行动，将思辩力的洞见转化为成长的实践。如果我们学会用思辩力为自驱力提供指引，就能在复杂的环境中持续找到前进的动力，从而不断实现自我突破。

22.3　因思辩而坚定

在快速变化的世界中，复杂性和不确定性成为常态，人们的思维与决策能力面临前所未有的挑战。思辩力作为一种核心能力，贯穿我们的思维活动，它通过监控和优化思维过程，帮助我们在面对复杂问题时保持理性与清晰。更重要的是，思辩力能够让我们更加坚定——坚定于对高质量结论的信任、对合理信念的坚守，以及对成长与突破的追求。

双层运作与思维信心

思辩力的一个显著特征是其"双层运作"模式。它既能够以"元"思维的角色对我们的思维过程进行监控与干预，又能够在具体任务中直接发挥评价作用。这种双层运作不仅提升了思维活动的条理性，还帮助我们更加信任自己的判断，从而在决策中更加坚定。

例如，某科技公司在产品研发中面临市场需求不明的挑战，团队最初基于"低成本方案是最佳选择"的结论制定策略，但项目经理通过思辩力识别了这一结论背后的假设，包括"用户更关注价格而非性能""低成本不会显著影响用户体验"等。在进一步评估市场调研、竞争对手分析及用户反馈后，他们发现低成本方案难以满足目标市场的需求，甚至可能降低竞争力。于是，团队据此调整方向，采用性能与成本平衡的方案推出了一款市场反响良好的产品。这一过程不仅强化了团队对数据和论据的敏锐洞察，也坚定了高品质创新的信心。

思辩力通过"元"思维的管理，让我们在面对复杂任务时能够更有条理地梳理思路，优化决策过程。这种对思维过程的掌控，使我们在决策时更有信心，更加坚定。

情绪管理与思维优化

思辩力不仅能提升认知质量，还能帮助我们有效地管理情绪。情绪往往会对思维过程产生干扰，甚至影响最终结论的质量。而思辩力作为"元"思维，可以将情绪的影响最小化，确保思维过程的客观性与稳定性。

例如，某跨国企业的项目经理在一次重要的国际谈判中，面对对方不断提出的苛刻条件，情绪一度失控。但他很快意识到自己的问题，通过思辩力的自我干预，他迅速检视自己的情绪来源，并理性分析对方苛刻条件背后的真实意图。最终，他重新调整了谈判策略，不仅缓解了紧张局势，还达成了更为理想的合作条件。

通过这种情绪与思维的双向管理，思辩力能够帮助我们在压力下仍能做出高质量的决策，让我们更加坚定地面对各种挑战。

检视信念与合理质疑

我们每个人都有一些固有信念，它们可能基于过去的经验或文化背景，但未必总是合理的。思辩力帮助我们检视这些信念，并对其中的偏见或盲点进行质疑，从而提升我们的判断力。

例如，一位负责教育政策研究的学者，在分析某项政策时，发现自己的初步结论过于依赖主流媒体的报道。通过思辩力的运用，他回溯了自己得出结论的过程，发现潜藏的假设是"主流媒体的观点一定最具权威性"。他随后拓宽了信息来源，加入了来自基层教师和学生的反馈，最终提出了更具实践意义的政策建议。

这种对信念的深度检视让我们得以打破固有偏见，形成更加理性和科学的信念体系，从而更加坚定地推进目标。

思辩力与成长型思维

成长型思维的核心是相信通过努力能够不断提升能力，而思辩力是这一信念的重要支撑。通过对思维过程的检视与优化，思辩力帮助我们在失败中吸取经验，在挫折中发现机会，从而形成更为积极的成长心态。

例如，某科技团队在研发新产品时，因技术瓶颈导致多次失败。之后，团队通过思辩力识别出失败中的关键教训，并对研究方向进行了调整。在新的实验中，他们最终取得了突破，并将这一经历提炼为创新方法中的一项重要原则。正是这种成长型思维让团队始终保持信心，并坚定地朝着目标迈进。

思辩力为成长型思维提供了强有力的支持，让我们从失败中找到成长的契机，以更加从容和坚定的心态应对未来的挑战。

书写坚定的人生

思辩力是我们应对复杂世界的重要武器。通过双层运作，它帮助我们在多变的环境中保持思维的条理性和判断的自信；通过情绪管理，它确保我们的决策更加理性；通过检视信念和对成长型思维的支持，它为我们提供了持续优化的能力。

这种源于理性的坚定不仅帮助我们应对外界的挑战，更让我们在内心深处拥有一种安定感。无论环境多么复杂多变，思辩力都能够帮助我们拨开迷雾，找到前行的方向。

通过思辩力，我们能够在纷繁的变化中保持冷静，在挫折中发现成长的契机，在决策中坚持对高质量结论的追求。这种对理性与信念的坚守，让我们能够书写一段更加坚定而有力量的人生。

后 记

软实力三原色的形成，凝聚了我在领导力和软实力训练领域全心投入18年所积累的精华。其中所包含的三大软实力，无论是果敢力、自驱力还是思辩力，都是我在持续实践中逐渐形成的。尽管开始的应用是下意识的，甚至连名称也没有，但随着时间的推移和自身的成长，它们逐渐进入我的有意识层面，让我开始感受到它们的力量和对我的帮助。可以说，我切切实实感受到了软实力三原色带来的巨大益处。

我喜欢把所学应用于各种场景。记得当年在北大光华管理学院读MBA期间，学习会计课程时，我就利用复式记账法来记录自己的收支状况，并定期生成三张会计报表。即使是学习听起来有些虚无缥缈的战略管理课程，我也会将它应用在自身发展上，把PEST、SWOT和波特五力这些工具全都运用一遍。在进入领导力和软实力培训领域之后，我也一样把自己设计的课程中的知识、技能等应用于工作和生活。很多时候，我在设计课程时，还会请同事担任老师，自己作为学员学习一遍，从而让自己真正站在学员的角度来体会课程的价值。

在书中，我讲述了软实力三原色在育儿中的应用，这些内容也是基于我的实践而撰写的。我运用这些理念和方法来养育孩子，也十分关注孩子能否拥有这三项至关重要的软实力。用软实力三原色培养自己和孩子的软实力，真是一种美妙的体验。我的实践收获了良好的结果：孩子与父母的关系一直很亲密，身心很健康，学业也很优秀。

我认为，在育儿方面，父母最大的注意力应该放到培养孩子的软实力上。一旦孩子拥有出色的软实力，这些软实力将会极大地助力其学业和心理健康。

　　我当然也把软实力三原色应用于工作中。最经典的场景是作为"学习服务生"为各类学员提供学习服务。无论他们是来自世界顶级公司的管理层，还是本土企业的基层员工，软实力三原色都能够让我很好地完成教学服务：果敢力让我知道每个练习、每次干预、每个提问和每次回答，都服务于什么样的学习目标，并且在遇到来自学员的挑战时，如何做到"不尽全力不罢休"；自驱力让我状态饱满，全程都充满激情，并且提醒自己"每次授课都不是去'教授'什么，而是去与一群聪明且经验丰富的人一起学习"，让自己在提供学习服务的同时不断收获成长；思辩力让我真正践行自己在每次课堂上的建议——"观点是用来被挑战的，不是用来证明自己是正确的"，进而将来自学员的不同看法转化为我成长的营养。我用软实力三原色掌控自己的服务状态，也用它不断提升自己的软实力，还有对当时教学主题的理解。

　　我在自己创立的软实力工场也倡导充分应用软实力三原色。我鼓励每位同事在日常工作中果敢、自驱、思辩，并常常与他们分享是否能够"因果敢而无悔，因自驱而充盈，因思辩而坚定"。让我感到自豪的是，我和同事们都喜欢并收获了这些掌控工作和生活的良好体验。

　　我衷心希望越来越多的人能重视软实力的价值。软实力是决定职业高度和个人幸福的关键因素，这是我全心投入软实力训练18年所收获的观点。

　　希望你同我一样喜欢软实力三原色。

2025年1月

参考资料

● Daniel H. Pink. Drive: The Surprising Truth About What Motivates Us, Riverhead Books，2011.

● David J. Epstein. Range: Why Generalists Triumph in a Specialized World, Riverhead Books，2019.

● Jan Schouten. Personal Effectiveness，Thema，2007.

● Peter Block. The Empowered Manager, Jossey-Bass，1987.

● Peter C. Brown, Henry L. Roediger III and Mark A. McDaniel. Make It Stick: The Science of Successful Learning, Harvard University Press，2014.

● Simon Sinek. Start with Why: How Great Leaders Inspire Everyone to Take Action, Penguin Books Ltd，2011.

● Stephen R. Covey. The 7 Habits of Highly Effective People, Free Press，2004.

● 丹尼尔·卡尼曼. 思考，快与慢[M]. 北京：中信出版社，2012.

● 菲利浦·津巴多，迈克尔·利佩. 态度改变与社会影响[M]. 北京：人民邮电出版社，2007.

● 蒋齐仕. 果敢力：始终做自己的艺术[M]. 北京：电子工业出版社，2019.

● 理查德·保罗. 思辨与立场[M]. 北京：中国人民大学出版社，2020.

● 尼尔·布朗，斯图尔特·基利. 学会提问[M]. 北京：机械工业出版社，2021.

● 托马斯·彼得斯，罗伯特·沃特曼. 追求卓越[M]. 北京：中央编译出版社，1999.

● 文森特·赖安·拉吉罗. 思考的艺术[M]. 北京：机械工业出版社，2019.

● 张维迎. 博弈与社会[M]. 北京：北京大学出版社，2013.